1 2 3 [?] 4 5 6 7

$=1013-\frac{P_0V(d)}{V_0}$

69.1°N

...adoes / ...ar × $\frac{1.5 \text{ Miles} \times 50 \text{ yards}}{\text{Florida}} \approx 1.4\times10^{-12}$ tornado...

$y=\frac{1}{x}x^4 \rightarrow y=x^3$

$x=\sigma A(T_h^4-T_c^4)$

$\sigma=5.6703\times10^{-8}$

$\mathcal{L}(f(t))=\int_0^\infty e^{-}$...

1762
2004
2242
2479
2714
2946

dinosaurs escape??

$a^2+b^2=c^{3\pm1}$

$\frac{1}{x^2}=$

$x^2=$

HEY

$\frac{f''(t)}{2!}(x-t)^2+\frac{f'''(t)}{3?}(x-t)^3+\frac{f''''(t)}{4P}(x-t)^3+\frac{f^{\#\#}(t)}{¿5?}(x-t)^3+\ldots$

www.google.com
Remember this!

BONK

$P=\rho V_s \Delta V$

$\begin{bmatrix}\cos 90° & \sin 90° \\ -\sin 90° & \cos 90°\end{bmatrix}\begin{bmatrix}a_1 \\ a_2\end{bmatrix}=$

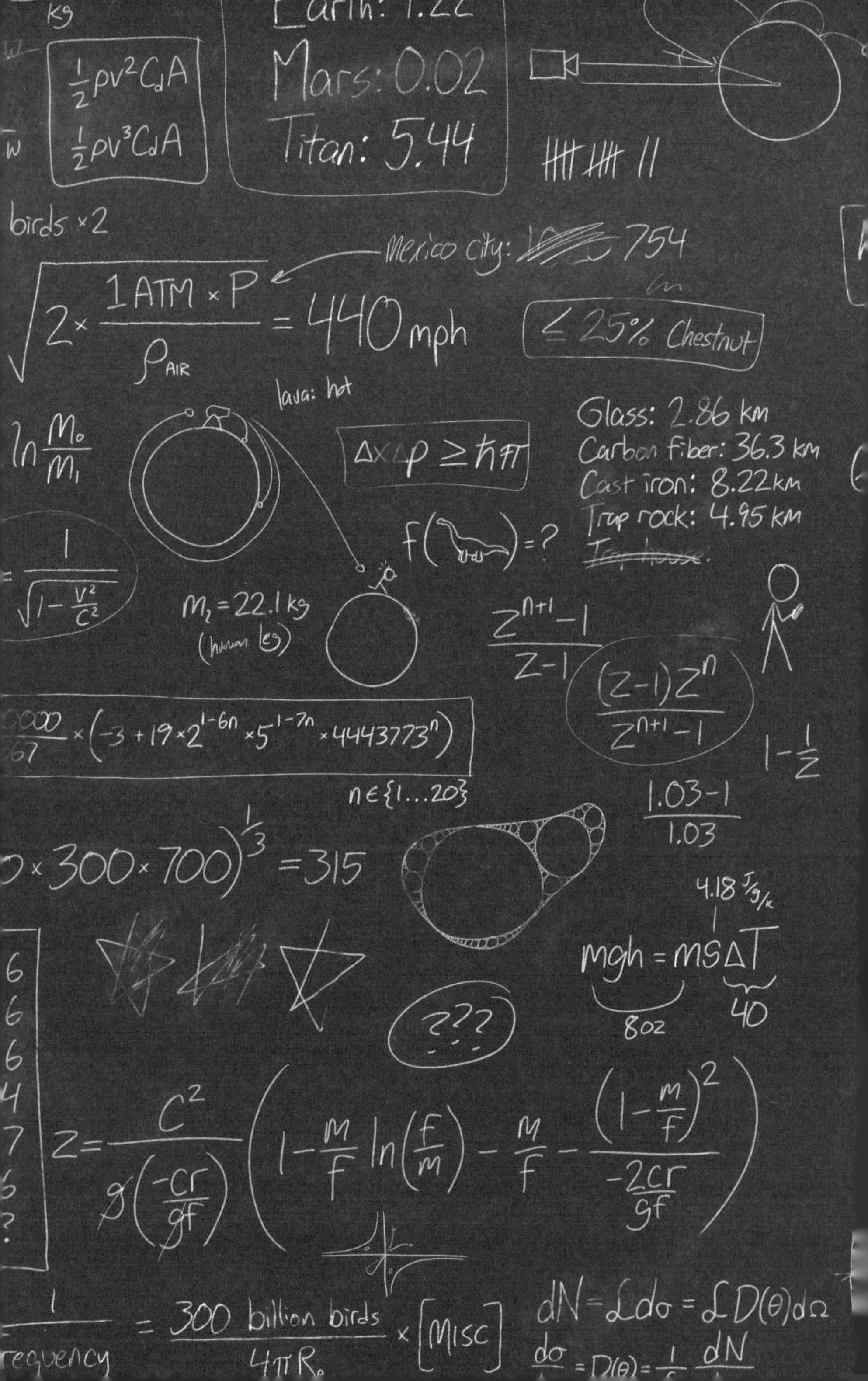

kg
$\frac{1}{2}\rho v^2 C_d A$
$\frac{1}{2}\rho v^3 C_d A$
Earth: 1.22
Mars: 0.02
Titan: 5.44
birds ×2
Mexico city: 754
$\sqrt{2 \times \frac{1\,ATM \times P}{\rho_{AIR}}} = 440$ mph
≤ 25% Chestnut
lava: hot
$\ln \frac{M_0}{M_1}$
Glass: 2.86 km
Carbon fiber: 36.3 km
Cast iron: 8.22 km
Trap rock: 4.95 km
f( )=?
$\frac{1}{\sqrt{1-\frac{v^2}{c^2}}}$
$M_2 = 22.1$ kg
(human leg)
$\frac{z^{n+1}-1}{z-1}$
$\frac{(z-1)z^n}{z^{n+1}-1}$
$1-\frac{1}{z}$
$\times\left(-3 + 19 \times 2^{1-6n} \times 5^{1-7n} \times 4443773^n\right)$
$n \in \{1 \ldots 20\}$
$\times 300 \times 700)^{\frac{1}{3}} = 315$
$\frac{1.03-1}{1.03}$
4.18 J/g/K
$mgh = ms\Delta T$
8oz
40
???
$Z = \frac{c^2}{g\left(\frac{-cr}{gf}\right)}\left(1 - \frac{m}{f}\ln\left(\frac{f}{m}\right) - \frac{m}{f} - \frac{\left(1-\frac{m}{f}\right)^2}{\frac{-2cr}{gf}}\right)$
frequency
$= \frac{300 \text{ billion birds}}{4\pi R_0} \times$ [Misc]
$dN = \mathcal{L}\,d\sigma = \mathcal{L}\,D(\theta)\,d\Omega$

1 2 3 ? 4 5 6 7
69.1°N
1.5 Miles × 50 yards
Florida
tornadoe
1762
2004
2242
2479
2714
2946
dinosaurs escape??
HEY
www.google.com
Remember this!
BONK

kg

$\frac{1}{2}\rho v^2 C_d A$

$\frac{1}{2}\rho v^3 C_d A$

Earth: 1.22

Mars: 0.02

Titan: 5.44

birds ×2

Mexico city: 754

$\sqrt{2 \times \frac{1\,ATM \times P}{\rho_{AIR}}} = 440$ mph

≤ 25% Chestnut

lava: hot

$\ln \frac{M_0}{M_1}$

$\Delta x \Delta p \geq \hbar \pi$

Glass: 2.86 km

Carbon fiber: 36.3 km

Cast iron: 8.22 km

Trap rock: 4.95 km

~~Trap house~~

f( ) = ?

$= \frac{1}{\sqrt{1-\frac{v^2}{c^2}}}$

$m_2 = 22.1$ kg

(human legs)

$\frac{z^{n+1}-1}{z-1}$

$\frac{(z-1)z^n}{z^{n+1}-1}$

$\times \left(-3 + 19 \times 2^{1-6n} \times 5^{1-7n} \times 4443773^n\right)$

$n \in \{1 \ldots 20\}$

$1-\frac{1}{z}$

$\frac{1.03-1}{1.03}$

$(\ldots 0 \times 300 \times 700)^{\frac{1}{3}} = 315$

4.18 J/g/K

$mgh = ms\Delta T$

8oz

40

???

6

6

6

4

7

6

?

$z = \frac{c^2}{g\left(\frac{-cr}{gf}\right)} \left(1 - \frac{m}{f}\ln\left(\frac{f}{m}\right) - \frac{m}{f} - \frac{\left(1-\frac{m}{f}\right)^2}{\frac{-2cr}{gf}}\right)$

$\frac{1}{\text{frequency}} = \frac{300 \text{ billion birds}}{4\pi R_0} \times [\text{Misc}]$

$dN = \mathcal{L}\, d\sigma = \mathcal{L}\, D(\theta)\, d\Omega$

$\frac{d\sigma}{\ldots} = D(\theta) = \frac{1}{\ldots} \frac{dN}{\ldots}$

科學天地
Science World 147

what if?

如果這樣，會怎樣？

胡思亂想的搞怪趣問 正經認真的科學妙答

by
Randall Munroe

蘭德爾·門羅——著
xkcd網站創建人
黃靜雅——譯

如果這樣，會怎樣？

目錄

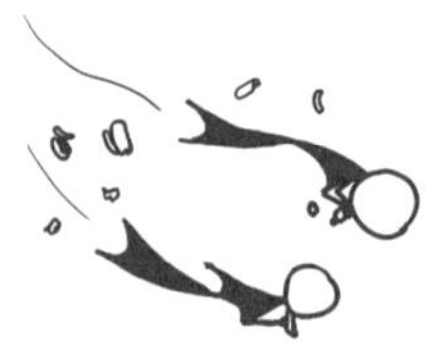

免責聲明

千萬不要在家裡嘗試本書的任何提議。本書作者是網路漫畫家，不是保健安全專家。他喜歡東西著火或爆炸，意思就是，他並沒有考慮到你的最大利益。對於本書內容直接或間接造成的任何不利影響，出版公司與作者概不負責。

自序
解答天馬行空的問題，是最有趣的

本書集結了一大堆假設性問題的解答。

這些問題是大家投書到我的網站來問我的，在網站上，我除了充當瘋狂科學家的「親愛的ＸＸ大師」之外，還畫火柴人網路漫畫——xkcd。

我一開始並不是畫漫畫的。我在學校學的是物理，畢業後進入美國航太總署（NASA）研究機器人學。後來我離開 NASA，專職畫漫畫，但我對科學及數學的興趣並沒有消退。最後，這樣的興趣找到了新出路：解答網路上各種千奇百怪（有時還令人憂心）的問題。本書從我的網站上精選出我最鍾愛的解答，還加碼一批首度揭露答案的新問題。

打從有記憶以來，我就一直嘗試以數學來解答稀奇古怪的問題。五歲時，我媽媽和我有段對話，她把這段對話寫了下來，保存在相簿裡。當她聽說我在寫這本書時，便把這段文字找出來寄給我。她二十五年前寫在紙上的文字，一字不差的轉載如下：

蘭德爾：我們家軟的東西比較多，還是硬的東西比較多？

茱莉：我不知道。

蘭德爾：世界上呢？

茱莉：我不知道。

蘭德爾：每個家裡都有 3、4 個枕頭，對不對？

茱莉：對。

蘭德爾：每個家裡都有差不多 15 個磁鐵，對不對？

茱莉：大概是吧。

蘭德爾：所以 15 加上 3 或 4，算 4 好了，是 19，對不對？

茱莉：對。

蘭德爾：所以差不多有 30 億個軟的東西，還有……50 億個硬的東西。那，是哪一個贏？

茱莉：我猜是硬的東西贏吧。

直到如今，我還是不知道「30 億」和「50 億」是怎麼來的。很明顯，我那時候還不太知道數字是怎麼一回事。

這麼多年來，我的數學已經變厲害一些了，但是我做數學的理由，還是和五歲時一樣：我想解答問題。

人家說：「沒有笨問題」。這顯然是錯的；我覺得，我問的關於「硬的東西」和「軟的東西」這種問題就很笨。不過事實證明，試著徹底解答笨問題，可真是妙趣橫生、好玩極了。

我還是不知道，世界上到底「硬的東西」多還是「軟的東西」多，但是一路走來，我學到了很多其他的東西。接下來，就是在這趟旅程中，我最喜歡的部分。

——蘭德爾・門羅

編注：本書所有參考文獻，請至天下文化書坊（WWW.BOOKZONE.COM.TW）《如果這樣，會怎樣？》專頁下載。

what if?

如果這樣，會怎樣？

全球大風暴

Q. 如果地球和陸地上的所有物體都突然停止旋轉，但大氣仍保持原速，那會發生什麼事情？

——安德魯·布朗（Andrew Brown）

A. 幾乎每個人都會死。然後事情會變得很好玩。

在赤道，地表以大約每秒 470 公尺（略大於時速 1,600 公里）相對於地軸運動。如果地球停下來而空氣保持原速的話，就會突然刮起時速高達 1,600 公里的風。

赤道上的風最強，不過，在南、北緯 42 度之間（這裡住了世界上大約 85%的人口）的所有人和所有東西，會突然感受到超音速的風。

在地表附近，最強的風只會持續幾分鐘而已；之後風與地面的摩擦力就會使風速減弱。然而，光是那幾分鐘，便足以使建築物全部化為廢墟。

發生可怕的事情

發生可怕的事情，但是發生得比較慢。

我在波士頓的家位置夠北邊，正好在「超音速風區」以外，但是颳起的風仍然會比最劇烈的龍捲風還強上一倍。不管是小屋或摩天大樓，所有建築物全都會慘遭夷平、從地基連根拔起，並在地上到處翻滾。

極地附近的風會小一點，但是人類的城市離赤道都不夠遠，因此仍然在劫難逃。挪威斯瓦巴群島上的朗伊爾城，是地球上緯度最高的城市，會慘遭相當於「地球上最強熱帶氣旋」的強風摧毀。

如果你要找個地方躲起來，等待風暴結束，芬蘭的赫爾辛基可能是最好的地點之一。但儘管這都市的緯度很高（北緯60度以上），卻也免不了遭強風洗劫得一乾二淨，不過幸好赫爾辛基的地底岩床有錯綜複雜的地道，還有地下商場、曲棍球場、游泳場館等設施。

任何建築物都不安全；即使是躲得過強風的堅固結構，也會有麻煩。正如喜劇演員羅恩・懷特（Ron White）提到颶風時所說的：「重點不是風在吹，而是風在吹什麼。」

比方說，你藏身在巨大的掩體裡，而用來蓋掩體的建材，能承受時速 1,600 公里的強風。

那就好，如果你是唯一有掩體的人，你一定會沒事的……

不幸的是，你可能有鄰居。如果住在你上風處的鄰居沒固定好掩體，你的掩體就必須禁得起他們的掩體，以時速1,600公里來撞擊。

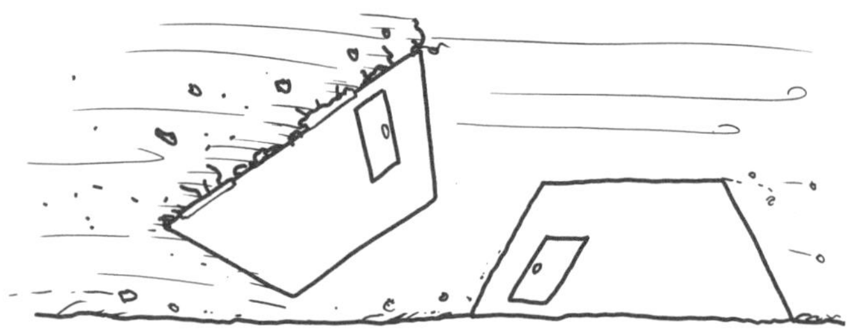

人類不會滅亡[1]。一般來說，地面上的人沒幾個能倖免於難；飛散的殘骸會把未經抗核加固的東西都徹底粉碎。不過，躲在地底下的人多半都能逃過一劫。如果你躲在很深的地下室裡（地鐵隧道更好），當情況發生時，你很有機會能保住小命。

當然還有其他的幸運倖存者。比方說，在南極阿曼森斯科特考察站（Amundsen-Scott research station）的數十位科學家及工作人員，不會受到強風的危害。對他們而言，出了問題的第一個跡象是：外面的世界突然變得好安靜。

神祕的寂靜也許會讓他們苦惱一陣子，但最後，有人會察覺到更奇怪的事情：

空氣

隨著地面風平息下來，事情會變得更詭異。

疾風會轉變成熱浪。正常情況下，強風的動能通常小到可以忽略不計，但這可不是正常的風，當強風翻騰至混亂消停，空氣會變熱。

這會導致陸地上溫度暴增，在空氣潮濕的地區，還會導致全球大風暴。

同時，強風掃掠海洋上空，會使海水表層劇烈翻騰而霧化。有好一陣子，海面會消失，根本分辨不出來，海水從何處開始、飛沫到何處為止。

海水是冷的。在薄薄的表層底下，海水差不多是4℃。風暴會把深層的冷水翻攪上來。冷的海水飛沫大量湧入過熱的空氣中，產生了地球上前所未見的天氣型態——某種「風＋海水飛沫＋霧＋快速溫度變化」的亂七八糟組合。

---

❶ 我的意思是，人類不會馬上滅亡。

這股湧升流會導致生命興旺，因為新鮮的養分湧進了海水上層。同時，由於深層低氧海水的湧入，致使魚類、蟹類、海龜等動物難以適應，大量相繼死亡。而鯨魚和海豚之類需要呼吸的動物，在混亂洶湧的海氣界面會很難生存。

海浪會從東到西橫掃全球，每個朝東的海岸都會面臨史上最大規模的暴潮。先是一團遮天蔽日的海水飛沫掃向內陸，緊跟著洶湧翻騰的水牆，就如海嘯般向前推進。在某些地方，海浪會衝向內陸地區達數公里遠。

風暴會把陸地上的大量灰燼與殘骸注入大氣。同時，冷洋面上會形成濃密的霧。通常，這會導致全球溫度驟降。真的是這樣。

至少，在地球的某一側是這樣。

如果地球停止自轉，就不會有正常的日夜週期。天上的太陽並不會完全停止移動，只是日出日落不再是一天一次，而是一年一次。

白晝與夜晚各長達六個月之久，即使在赤道也一樣。在白晝這一側，地表受陽光不停的烘烤，而夜晚那一側的溫度則會直直落。晝側的對流會使太陽正下方的地區產生巨大的暴風雨[2]。

在某些方面，這樣的地球會類似「潮汐鎖定」的太陽系外行星，這種行星常見於紅矮星的適居帶，但更好的比喻，應該是像非常早期的金星。由於自轉方式的關係，金星和我們靜止的地球一樣，都會保持以同一邊面對著太陽，一連持續好幾個月。不過，金星濃厚的大氣層循環得相當迅速，使晝側與夜側具有大致相同的溫度。

雖然「天」的長度會改變，但「月」的長度卻不會變！月球從未停止繞地球旋轉。然而，沒有地球自轉來提供潮汐能，月球就會停止漂離地球（月球目前正在漂離地球），開始慢慢朝地球漂回來。

事實上，安德魯設想的情境所造成的後果，恐怕得靠月球(我們最忠實的伴侶)來解除。目前，地球的自轉比月球的快，潮汐使地球的自轉變慢，同時也把月球推離地球[3]。如果地球停止自轉，月球便不再漂離地球。而月球的潮汐作用不會使地球自轉減速，反倒會加速地球的自轉。悄悄的、輕輕的，月球的重力會拉扯我們的地球……

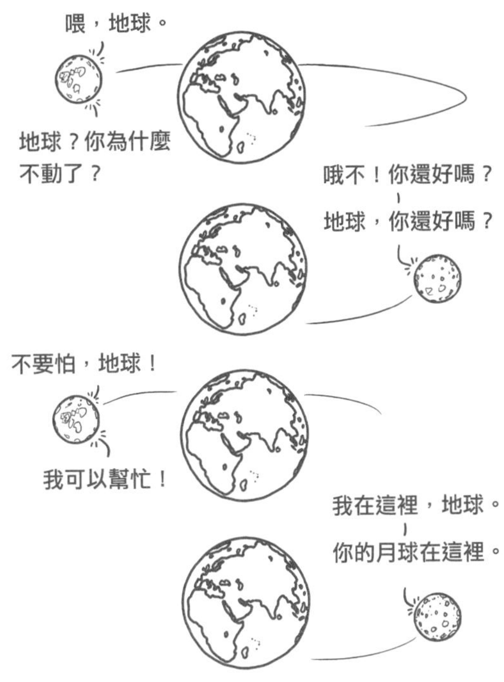

❷ 然而沒有了自轉所產生的科氏力，誰也不知道這些氣旋風暴會如何旋轉。

❸ 欲知詳情，請參閱 http://what-if.xkcd.com/26 對於「閏秒」的解釋。

……於是，地球又開始轉動了。

相對論棒球

Q. 如果你試圖揮棒打擊以 90% 光速投出的棒球，會發生什麼事情？

—— 艾倫．麥可馬尼斯（Ellen McManis）

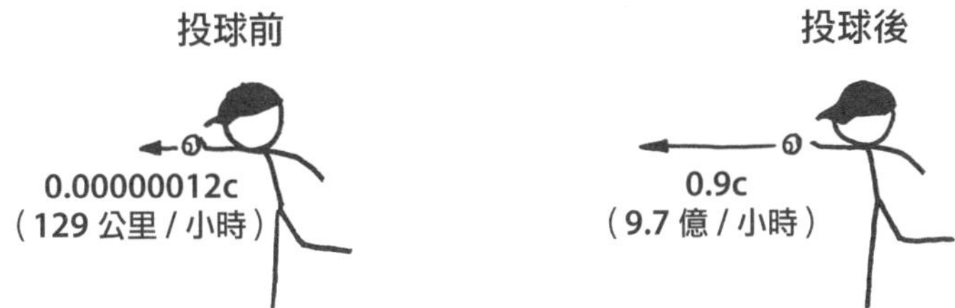

暫且不論要如何讓棒球移動得如此神速。假設這就是正常的投球，只不過在投手投出球的那一剎那，球神奇的加速至 0.9 c。從那一刻起，一切都按照正常的物理學來進行。

A. **答案是，結果會發生「很多事」**，而且所有的事「瞬間發生完畢」，但對打擊者（或投手）來說，下場可不太妙。我找了一些物理學的書、一尊諾蘭．萊恩[1]的可動玩偶，以及一堆核彈試爆的錄影帶，正襟危坐，試圖理出頭緒。以下是我的最佳猜測，以奈秒（十億分之一秒）為單位來解釋。

---

❶ 譯注：諾蘭．萊恩（Nolan Ryan），美國職棒大聯盟明星投手，以球速快聞名。

因為球速太快，相形之下其他一切似乎都靜止了，連空氣分子也彷彿停滯了。空氣分子以時速幾百公里來回振動，但是球會以時速 9 億 7 千萬公里貫穿這些分子。意思就是，對球來說，空氣分子就像凝結在空中似的。

空氣動力學的觀念此時也不管用了。正常情況下，空氣會在運動物體的周圍流動。但是此時空氣沒時間閃開，這顆球會狠狠的撞上前方的空氣分子，空氣分子的原子會與球表面的原子融合。每一次的碰撞，都會釋放出 γ 射線與散射粒子。[2]

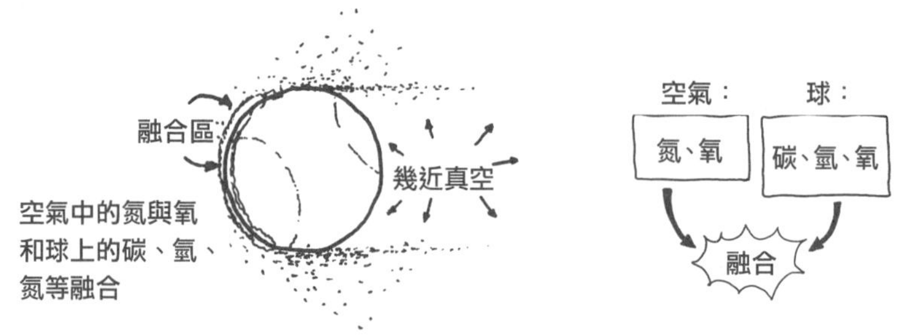

這些 γ 射線與碎片會以投手丘為中心，呈氣泡狀向四周膨脹。它們會破壞空氣中的分子，把原子裡的電子扯開，使球場裡的空氣變成一團以白熱電漿組成的膨脹氣泡。氣泡壁以幾近光速向打擊者逼近——只比球本身稍微超前一點點。

球前方不斷進行的融合反應會把球往後推，使球速減慢，球彷彿飛行中的火箭，只不過點燃引擎時，尾端是朝前的。不幸的是，球速實在太快，即使在這種不斷熱核爆炸的巨大威力下，球速也幾乎沒變慢多少。不過，球表面會開始遭侵蝕，微小的碎片到處亂噴。這些碎片以非常快的速度噴出，當它們撞到空氣分子時，又會另行引發兩、三回的融合。

大約 70 奈秒後，球抵達本壘板。打擊者根本沒看到投手把球投出，因為攜帶這項訊息的光，差不多和球同時到達。球一路與空氣猛烈碰撞進行反應，早已消蝕殆盡，成了一團「呈子彈形狀的膨脹電漿」（主成分是碳、氧、氫和氮），一路飛撞空氣、引發更多的融合。X 射線的外圍先擊中打擊者，幾奈秒後，成團的碎片緊接著再來一擊。

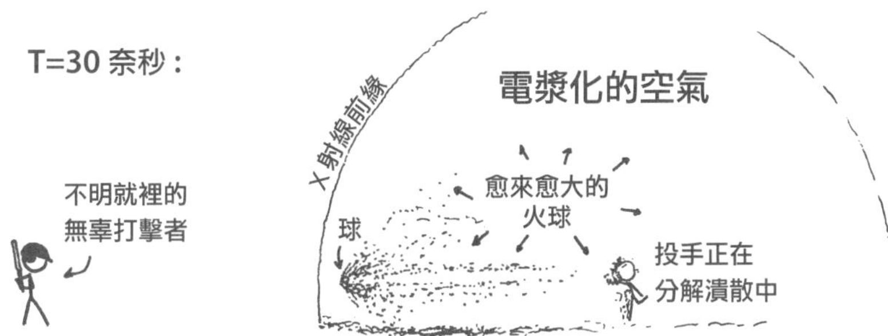

這團碎片到達本壘板時，中心仍以將近光速的速度在運動。這團碎片先擊中球棒，隨後打擊者、本壘板及捕手也全都捲入這團碎片中、全被甩向後方的擋球網，並穿網而過，所有東西統統潰不成形。X 射線的外圍與過熱的電漿會向四面八方膨脹，把擋球網、兩支球隊、看臺，以及周遭地區一一吞噬——這些全都發生在第 1 微秒以內。

假設你正在城外的山頂看熱鬧。首先，你會看到一道炫目的光，遠比太陽還亮。接下來的幾秒鐘，光芒逐漸減弱，一團愈來愈

❷ 我最初發表本篇文章後，MIT 的物理學家林德奈奇（Hans Rinderknecht）跟我聯絡，說他已經用實驗室電腦來模擬這個情境。他發現，球飛行的初期，實際上大部分的空氣分子運動得太快，不會造成核融合，而是會直接越過球，而球的增溫也比我原本文章描述的更緩慢且均勻。

大的火球升空成為蕈狀雲。接著傳來一陣巨大的轟鳴，爆炸衝擊波來了，樹木遭連根拔起，房屋也被扯碎。

運動公園約 1.6 公里方圓內皆夷為平地，熊熊火海吞噬了周遭的城市。棒球場現在成了一個大坑，坑洞的中心就在原先擋球網位置後方幾百公尺。

根據美國大聯盟棒球規則6.08（b），這種情況算是「觸身球」，因此打擊者可以保送上一壘。

用過核燃料池

Q. 如果我在典型的「用過核燃料池」裡游泳，會發生什麼事情？是否要潛入水裡才會遭致命的輻射量汙染？我可以安全的待在水面多長時間？

——強納生．巴斯蒂安．費里亞特諾（Jonathan Bastien-Filiatrault）

A. 如果你很會游泳，那你大概可以踩水撐上 10 到 40 個小時。然後，你就會因為太累而昏厥溺水。就算水池底下沒有核燃料，情況也是一樣。

以下是典型燃料貯存池的示意圖：

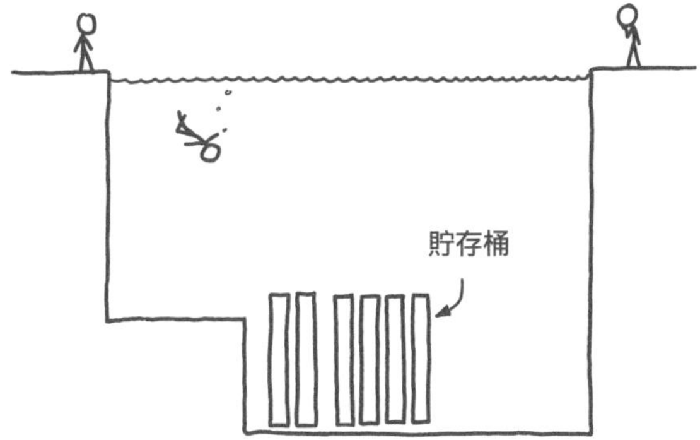

溫度不會是太大的問題。理論上，燃料池的水溫可高達50℃，但實際上通常介於25℃至35℃之間——比大多數游泳池的溫度高，但比熱水浴池的溫度低。

剛從反應器卸除的燃料棒，放射性最強。以「用過核燃料」的輻射量來說，每7公分的水深便可使輻射量減半。根據安大略電力公司提供的活性等級，以下是新鮮燃料棒的危險區域：

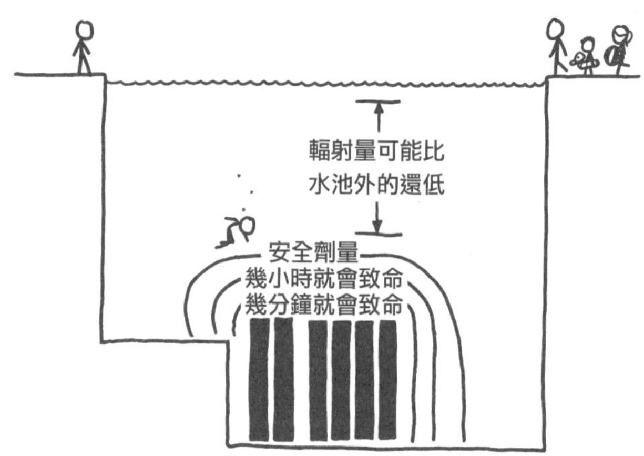

如果你游到水池底，用手肘碰一下新鮮的燃料罐，然後立刻游上來，這樣很可能就會沒命。

不過，只要是在安全劑量邊界外，你想游多久就可以游多久——那裡的輻射劑量，搞不好比你在路上閒逛時的正常背景輻射劑量還低。事實上，只要你待在水底下，水就會幫你擋掉大部分的正常背景輻射劑量。在用過燃料池裡踩水接收到的輻射劑量，實際上可能比你走在大街上接收到的還要低。

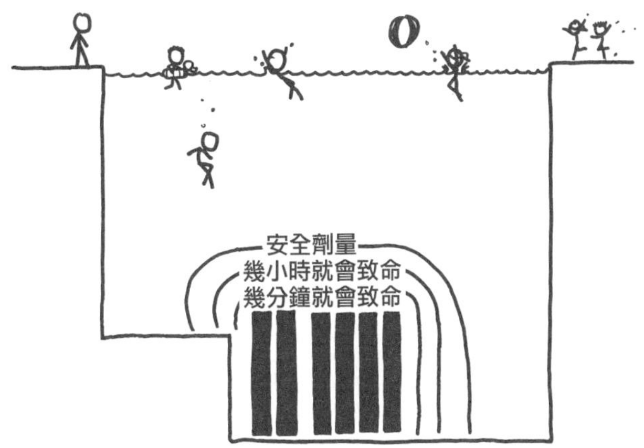

切記切記：我是漫畫家。我對核物料的安全距離建議，如果你照著做，不管後果如何都算你活該。

如果一切都按計畫進行，就是這樣。如果用過燃料棒的容器生鏽了，水裡可能會有一些裂變產物。這些產物可以保持水的潔淨，效果頗佳，也不會傷害到在水裡游泳的你。但是這樣的水還是具有放射性，拿來當成瓶裝水出售可是不合法的喔 。[1]

我們知道，在用過燃料池裡游泳可能是安全的，因為燃料池會有潛水員定期維護。

不過，這些潛水員必須很小心。

2010 年 8 月 31 日，一名潛水員在瑞士萊布施塔特核反應器的用過燃料池進行維修。潛水員在池底發現一段來路不明的管子，用無線電問長官該怎麼辦。長官叫他把管子裝進工具筐裡。由於水池裡的氣泡雜訊干擾，他沒聽見輻射警報器響了。

❶ 太可惜了！這水拿來當成能量飲料，肯定夠勁。

當工具筐從水中吊起時，房裡的輻射警報器大響。工具筐又給丟回水裡，潛水員則趕緊離開水池。潛水員的劑量計佩章顯示，他受到的輻射量高於正常劑量，而且右手的劑量極高。

原來，這條管子是反應器爐心的輻射監控裝置保護管，由於中子流而具有極高的放射性。2006 年某次艙門關閉時，管子遭意外夾斷，沉到燃料池的偏遠角落，四年來都沒有人注意到。

這條管子的放射性非常強，如果潛水員把管子塞在工具腰帶或肩包裡，就會很靠近身體，可能早已性命不保。看來是水保護了他，只有手受到高劑量的輻射。手這個部位，抗輻射的能力比脆弱的內臟器官來得強。

所以，如果你乖乖游泳，注意安全，應該就會沒事，前提是不潛到池底，或亂撿些奇奇怪怪的東西。

不過，為了確認，我和一位在研究用反應器工作的朋友聯繫，向他請教，如果有人試圖在他們的輻射圍阻池中游泳，會發生什麼事。

「在我們的反應器？」他想了一下，「應該會死得很快，還沒碰到水，警衛就會把你給槍斃了。」

「What If ？」收件匣收到的，稀奇古怪（且令人憂心）的問題，#1

Q．有沒有可能讓人的牙齒變得很冷，冷到一喝熱咖啡就碎掉？

——謝爾比．賀伯特（Shelby Hebert）

Q．美國每年有多少房子遭燒毀？如果要顯著增加此數字（例如至少增加 15%），最簡單的方法是什麼？

——無名氏

紐約時光機

Q.如果時光旅行回到過去，據我猜測，大家應該會留在地表上的同一位置。至少電影「回到未來」是這麼演的。真是這樣的話，如果你在紐約時代廣場進行時光旅行，回到一千年前、一萬年前、十萬年前、一百萬年前、十億年前，各會看到什麼場景？又，如果時光旅行到一百萬年後呢？

——馬克．戴特靈（Mark Dettling）

A．回到一千年前

過去三千年來，曼哈頓一直有人居住，最早可能在九千年前就有人住了。十七世紀，當歐洲人來到時，住在這裡的是勒納佩族印第安人[1]。勒納佩族是鬆散的聯盟部族，住在現在的康乃狄克州、紐約州、紐澤西州及德拉瓦州等地。

一千年前，這些地區住的可能也是類似的部落，而且在歐洲人來到此地的五百年前，就住在這裡了。他們與十七世紀的勒納佩族之間的差距，就如同十七世紀的勒納佩族與現代人的差距一樣大。

若想知道時代廣場在有城市之前長什麼樣子，我們先來看看稱為 **Welikia** 的研究計畫，這個了不起的計畫，卻是從規模較小的**曼納哈塔**[2]計畫衍生出來的。Welikia 已經把歐洲人來到紐約市當時的地景，製作成詳盡的生態圖。

welikia.org 網站的線上互動式地圖，用神奇的照片展現出不一樣的紐約。1609 年，曼哈頓島周遭的景觀是綿延的山丘、沼澤、林地、湖泊和河流。

一千年前的時代廣場，在生態上看起來也許就像 Welikia 描述的那樣。表面上，可能很像美國東北部少數地方目前仍可找到的老齡森林[3]。不過會有一些顯著的差異。

一千年前會有較多的大型動物。如今支離破碎的東北部老齡森林，幾乎沒有什麼大型的掠食動物；只有一些熊、少少的狼與郊狼，美洲獅差不多都沒了。（另一方面，鹿群的數量卻暴增，部分是得

❶ 勒納佩族（Lenape）也稱為德拉瓦族（Delaware）。
❷ 譯注：曼納哈塔（Mannahatta），是印第安語的曼哈頓拼法。
❸ 譯注：已經達到最後生長期或穩定生長期的森林。

益於大型動物的消失。）

一千年前，紐約地區的森林長滿了栗子樹。二十世紀初的一場病害，使栗子樹全枯萎了。在那之前，北美東部的闊葉林大約有25%是栗子樹，現在只剩殘根還活著。

如今在新英格蘭區的森林裡，你還是遇得到這些殘根。殘根偶爾會冒出新芽，但卻只能眼睜睜的看著新芽受病害摧殘而枯萎。將來有一天，也許不用太久，最後的殘根也會死掉。

狼群在森林裡很普遍，內陸尤其多。你可能也會碰到美洲獅和旅鴿[4]。

有一樣東西你不會看到：蚯蚓。歐洲殖民者來到這裡的時候，新英格蘭地區沒有蚯蚓。想知道為什麼沒有蚯蚓，且讓我們回到更遙遠的過去。

回到一萬年前

一萬年前的地球才剛從酷寒時期解脫。

覆蓋著新英格蘭地區的巨大冰層已經不見了。二萬二千年前，冰的南緣還在史泰登島附近，但是到了一萬八千年前，冰層已經撤退到揚克斯[5]以北。等我們回到一萬年前的時候，冰大致上已經退到現今的加拿大邊界以外了。

地景受冰層沖蝕，深達岩床。接下來的一萬年間，生物悄悄往北遷回。有些物種北移得較快；當歐洲人來到新英格蘭地區時，蚯蚓還來不及從北邊搬回來。

隨著冰層撤退，巨大的冰塊裂開，滯留了下來。

這些大冰塊融化時，在地上留下裝滿水的窪地，稱為**鍋穴湖**。皇后區春田大道北端附近的奧克蘭湖，就是一個鍋穴湖。冰層也會把一路上「撿來」的大圓石掉得到處都是，這些石頭稱為**冰川漂礫**，在如今的中央公園裡可能還找得到。

---

❹ 不過，你可能看不到歐洲移民遇到的「成億上兆」的鴿子群。曼恩（Charles C. Mann）在著作《1491》中主張，歐洲移民看到的龐大鴿群，可能是生態系受到天花、藍草及蜜蜂的侵擾，因而變得亂七八糟的徵兆。

❺ 當時揚克斯（Yonkers）就在目前的位置。那時候可能不是稱為揚克斯，因為揚克斯是十七世紀晚期，從荷蘭文衍生出來的殖民地名稱。不過有人認為，名為揚克斯的地方一直都存在，而且事實上比人類和地球本身的存在都還要早。我的意思是，大概只有我這麼認為啦，但是我很敢嗆聲。

冰塊底下，大量的融水在高壓下流動，融水一邊流、一邊堆積砂石。這些沉積物留下的山脊稱為**蛇丘**，在我波士頓家外頭的樹林裡，形成縱橫交錯的景觀。各式各樣的奇特地形都是這些沉積物的傑作，包括全世界獨一無二的垂直U型河床。

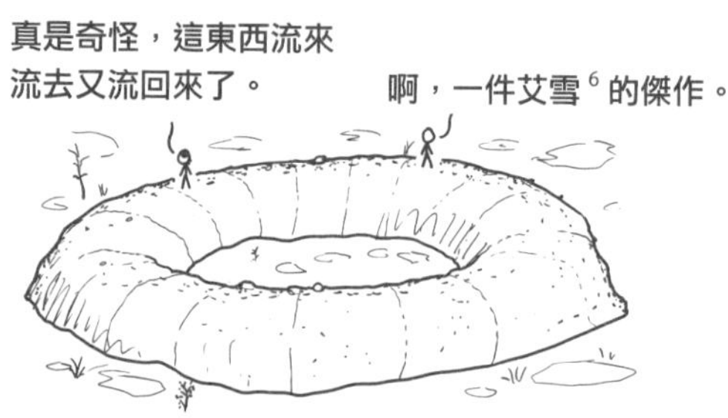

回到十萬年前

十萬年前的世界可能已經跟我們現在很像了[7]。我們生活在快速脈動的冰河作用時代，不過一萬年來，我們的氣候一直都很穩定[8]、很溫暖。

十萬年前，地球正處於類似的氣候穩定期即將結束之際，稱為**桑各蒙冰間期**，這段時期可能維持著發達的生態，我們看起來會覺得很眼熟。

不過，海岸的地形會截然不同；最晚近的冰如推土機般向前推進，才把史泰登島、長島、南塔克特島及瑪莎葡萄園島，全給往上推高成灘臺。十萬年前，海岸是由不同的島嶼點綴的。

在樹林裡可以找到許多現代動物，例如鳥、松鼠、鹿、狼及黑熊，不過，還會額外多出一些特別顯眼的動物。要了解是哪些動物，我們先來談談叉角羚羊之謎。

現代叉角羚羊（美洲羚羊）是令人想不透的謎。叉角羚羊跑得很快，但其實牠並不需要跑那麼快。叉角羚羊最快可以跑到時速 88 公里，而且可以用這種速度跑很遠的距離。捕食叉角羚羊的動物當中，狼和郊狼是跑最快的，然而即使是全力衝刺，狼和郊狼也跑不到時速 55 公里。叉角羚羊為何演化出這麼快的跑速？

答案是：叉角羚羊在演化中所處的世界，比我們的世界危險多了。十萬年前，北美洲的樹林裡住著更新統狼（*Canis dirus*）、巨型短面熊（*Arctodus*）與致命劍齒虎（*Smilodon fatalis*），比起現代的掠食動物，上述的每一種動物可能都跑得更快、也更具殺傷力。這些動物在第四紀滅絕事件中全死光了，大約發生在人類最早移居到美洲大陸後沒多久[9]。

如果我們旅行到更早之前一點，我們將會遇到另一種可怕的掠食動物。

回到一百萬年前

一百萬年前，在最晚近的大冰河時期之前，世界相當溫暖。當時是第四紀中期；現代的大冰河期早在幾百萬年前就開始了，不過在冰河來來去去之間，曾有一段暫時平靜的時期，氣候相對來說較穩定。

我們剛才遇到的那些掠食動物（可能會捕食叉角羚羊的飛毛腿動物），有了另一種可怕的肉食性動物來加入牠們的行列——某種腳很長的鬣狗，牠的樣子跟現代的狼很像。鬣狗主要見於非洲及亞

---

❻ 譯注：艾雪（M. C. Escher）是荷蘭版畫家，以作品中的數學性聞名，蛇丘的英文 Esker 和 Escher 很像，作者是故意這麼說的。

❼ 不過廣告招牌比較少啦。

❽ 嗯，曾經是這樣啦。我們正在使氣候變得不穩定。

❾ 如果有人問起，這純屬巧合啦。

洲，但是當海平面下降，有一種鬣狗越過白令海峽來到北美洲。由於牠是唯一這麼做的鬣狗，於是有了豹鬣狗（Chasmaporthete）的名稱，英文原意為「看到峽谷的動物」。

接下來，馬克的問題要帶我們飛越時光，回到好久以前。

回到十億年前

十億年前，大陸板塊擠靠在一起，成為一整塊巨大的超大陸。不過，這塊超大陸並非眾所周知的**盤古大陸**，而是盤古大陸的前身——**羅迪尼亞大陸**。羅迪尼亞大陸只有零星的地質紀錄，不過我們猜它看起來大概像這樣：

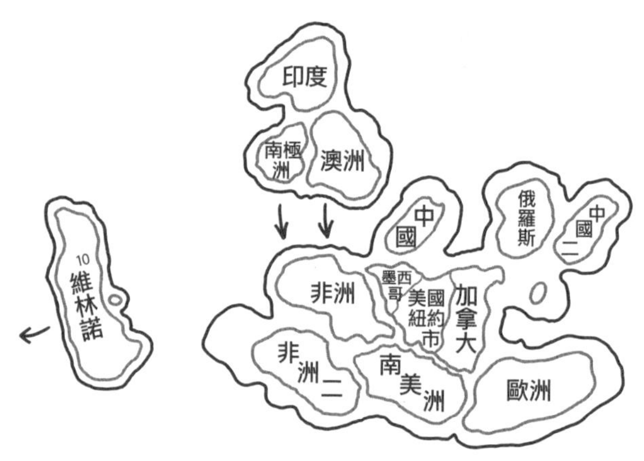

在羅迪尼亞大陸時代，位於目前曼哈頓地底下的岩床還沒形成，不過北美洲的深層岩石已經很古老了。目前曼哈頓所在地區的部分大陸，在當時可能是內陸，與現在的安哥拉及南非相連。

在這個古代的世界裡，沒有植物也沒有動物。海洋生氣蓬勃，可是只有簡單的單細胞生物。水的表面有**藍綠菌**[11]層。

這些不起眼的小生物，堪稱生命史上最致命的殺手。

藍綠菌是最早的光合作用生物，吸入二氧化碳、呼出氧氣。氧氣是揮發性氣體，會讓鐵生鏽（氧化），讓木材燃燒（劇烈氧化）。最早的藍綠菌一出現，呼出的氧氣幾乎對其他所有的生命形式都是有毒的，結果導致**氧氣大災難**滅絕事件。

藍綠菌為地球的大氣和水注滿有毒氧氣後，生物演化成利用氧氣的揮發性質，啟動新的生物作用。我們都是最早那些吸氧生物的後代。

這段歷史的許多細節還不明確；我們很難重現十億年前的世界。不過，馬克的問題現在要帶我們進入更不明確的時空領域：未來。

一百萬年後的未來

到最後，人類都會死光光。沒有人知道會是什麼時候[12]，沒有什麼會永遠活著。也許我們人類會散播到星星上面，繼續活個幾十億年或幾兆年。也許文明會垮掉，我們全都因為疾病或饑荒而死掉，最後剩存的那些人會被貓吃掉。搞不好等你讀完這句話的幾個小時後，奈米機器人就把我們全都殺掉。誰也不知道會怎樣。

一百萬年的時間很長。比智人（*Homo sapiens*）存在的時間長好幾倍，比我們擁有書寫語言的時間長一百倍。無論人類的故事如何演完，再過一百萬年，人類應該早已下臺一鞠躬，這樣的假設似乎很合理。

---

⑩ 譯注：某小説虛構的大陸名稱。

⑪ 譯注：傳統稱為藍綠藻，但它其實是細菌，不是藻類。

⑫ 如果你知道的話，麻煩寫 email 告訴我。

沒有我們人類，地球的地質將會繼續磨損。風、雨、吹沙將會消融並埋葬我們的文明產物。人為的氣候變化或許將延後下一次冰河期的開始，不過冰期循環還沒有結束。冰河終將再次推前。從現在起一百萬年後，只有少數的人類文物會留下來。

我們最天長地久的遺物，可能是我們在地球上到處堆積的「塑膠層」。透過開採石油、把石油加工成堅固耐用又持久的聚合物，然後在地表上到處散播，我們已經留下了「指紋」，這指紋比我們所做的任何東西都經久不衰。

我們製造的塑膠將變成埋在地底下的碎片，說不定某些微生物將學會如何消化塑膠，但極有可能，從現在起一百萬年後，一層很不搭調的加工碳氫化合物（從洗髮精瓶子和購物袋演變而來的碎片），將成為人類文明的「化學紀念碑」。

遙遠的未來

太陽正逐漸變亮。三十億年來，太陽溫度不斷升高，但複雜的反饋環系統，卻使地球的溫度一直維持相當穩定。

再過十億年，這些反饋環將會消失。滋養生命、維持生命圈低溫的海洋，將變成最可怕的敵人。在炙熱的太陽下，海洋早已燒乾，厚厚的一層水氣包圍著地球，造成脫韁失控的溫室效應。再過十億年，地球將變成第二個金星。

隨著地球變熱，我們可能會喪失所有的水，換來一層「石蒸汽大氣」，因為地殼本身也開始沸騰了。再過幾十億年，我們終將遭到不斷膨脹的太陽吞噬。

地球將會燃燒起來，垂死的太陽會把組成時代廣場的眾多分子炸到天外去。團團塵埃將在太空飄來飄去，說不定還會崩塌，形成新的恆星及行星。

如果人類逃離太陽系，並且活得比太陽還久的話，有一天，我們的後代可能會住在其中一顆行星上。來自時代廣場的眾原子，歷經太陽中心的循環，將會形成我們新的肉身。

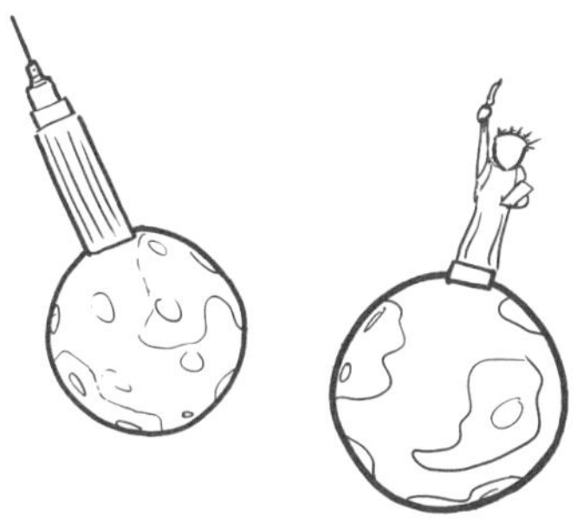

所以，有朝一日，我們要不是都死了，就是全都變成「紐約星人」了。

靈魂伴侶

Q. 如果每個人真的只有獨一無二的靈魂伴侶，也就是這茫茫人海中，隨機出現的唯一有緣人，那會怎樣？

——班傑明．斯塔芬（Benjamin Staffin）

A. 那會是多麼可怕的惡夢啊！獨一無二的隨機靈魂伴侶——這個觀念本身就問題多多。正如提姆．明欽（Tim Minchin）在〈如果我不曾擁有你〉（If I Didn't Have You）歌裡所寫的：

> **你的愛是百萬裡挑一；**
> **用任何代價都買不到。**
> **可是其他九十九萬九千九百九十九的愛情，**
> **算起來，其中有些也會一樣的好。**

可是，如果我們真的有一個命中注定、隨機分配的完美靈魂伴侶，而且我們跟其他任何人在一起都不會快樂，那怎麼辦？我們找得到彼此嗎？

假設你一出生，你的靈魂伴侶就選定了。你完全不知道那個人是誰，也不知道這個人在哪裡，可是當你們四目交接的那一剎那，馬上就會認出彼此。（老掉牙的浪漫愛情故事都是這麼演的。）

一堆問題馬上跟著來了。首先，你的靈魂伴侶還活著嗎？曾經活著的人有幾千億那麼多，而目前活著的人只有 70 億（也就是說，以人的死活狀況來看，死亡者的比率是 93%）。如果我們都是隨機配成一對一對的，那我們的靈魂伴侶有 90% 的機率老早就死了。

靈魂伴侶死於

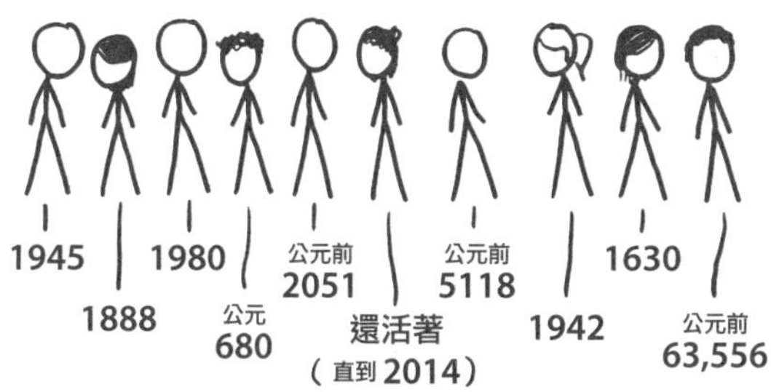

聽起來怪可怕的！別急別急，還有更糟的：用膝蓋想也知道，我們不能只算那些已逝的人，必須把未來不知凡幾的人也算進去。想想看，如果你的靈魂伴侶是在遙遠的過去，那某人的靈魂伴侶一定也有可能是在遙遠的未來。畢竟，你的靈魂伴侶的靈魂伴侶，情況正是如此。

所以我們不妨假設：你的靈魂伴侶和你生活在同時代。再者，為了避免事情變得太「驚悚」，我們還得假設：你和靈魂伴侶的年齡相差沒幾歲。（這比標準的「年齡差距驚悚公式」[1] 更加嚴格，如果假設一個三十歲的人和另一個四十歲的人可以成為靈魂伴侶，而他們早在十五年前就意外相遇，這樣便違反了驚悚規則。）有了

❶ 詳見 xkcd 網站「約會對象」篇，http://xkcd.com/314/。

年齡相仿的限制條件，我們大多數人的潛在「適配對象」，大約有 5 億人那麼多。

可是性別和性傾向怎麼辦？文化呢？語言呢？我們可以繼續用人口統計資料，試著進一步縮小問題的範圍，可是這麼一來，我們就會與「隨機靈魂伴侶」的概念漸行漸遠。在我們的假設情境下，你完全不知道你的靈魂伴侶是誰，直到你們互相看對眼為止。每個人只有一個目標：對準自己的靈魂伴侶。

遇見靈魂伴侶的機率極為渺小。每天與我們眼神交會的陌生人，人數可能從近乎 0（離群索居或住在小鎮裡的人）到成千上萬（時代廣場的警察）不等，但我們不妨假設，你目光鎖定的陌生人，每天平均有幾十個。（我很宅，這估計值對我來說絕對是大手筆。）如果其中有 10％跟你年齡相近，一輩子差不多就有 5 萬人。既然你的潛在靈魂伴侶有 5 億人，這就表示，你這輩子找到真愛的機率只有萬分之一。

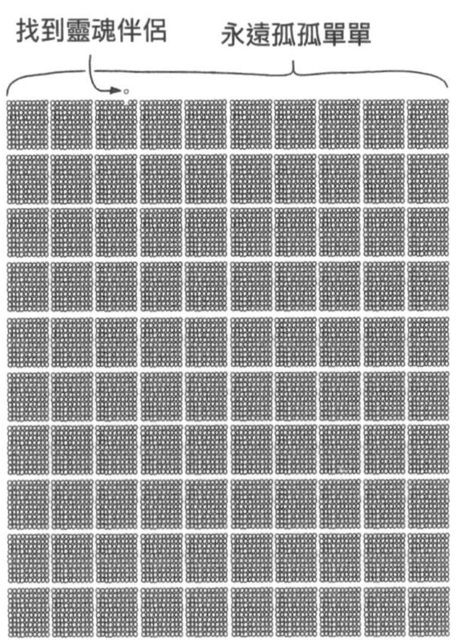

隨著「孤老而終」的隱憂愈來愈明顯，社會可能會重新建構，盡量製造更多眼神交流的機會。我們可以安排大規模的輸送帶，讓整排整排的人從彼此的眼前經過……

……不過，如果「眼神交會效應」透過網路攝影機也行得通，那倒不如採用改良版的聊天輪盤（ChatRoulette）。

如果每人每天使用這個系統 8 小時，每星期 7 天，而且要花幾秒鐘才能決定某人是不是你的靈魂伴侶，那這個系統在幾十年內，應該可以讓所有人跟自己的靈魂伴侶配對成功。（理論上是這樣啦。我設計了幾個簡單的模式，估算人們要多久才能配對成雙、退出單身一族。如果你想嘗試利用數學來計算某種特殊設定，或許可以先從錯位排列問題著手。）

在現實世界裡，很多人根本找不出時間來談情説愛——幾乎沒有人能投入二十年的時間來做這種事。所以呢，大概只有「富二代」才能閒閒沒事坐在那裡玩「靈魂伴侶輪盤」。不幸的是，對於眾所周知的那1%來説，他們的靈魂伴侶多半會出現在另外的99%裡頭。如果只有1%的「富二代」使用這個系統，此1%當中會有1%透過這個系統配對成功，因此整體成功機率是萬分之一。

而那1%當中其餘的99%[2]，會想盡辦法讓更多人進來這個系統。他們可能會去贊助慈善計畫，把電腦送到世界上的其他地方——有點像是慈善活動「每童一機」與美國最大約會網站「OKCupid」的混合體。「收銀員」和「時代廣場警察」這類職業會變得非常搶手，因為他們有很多眼神交流的機會。大家會一窩蜂擁向城市及公眾聚集場所去找尋愛情，就像現在這樣。

可是，儘管一堆人在「靈魂伴侶輪盤」上度過幾年光陰，另一堆人努力保住「能與陌生人頻頻眼神交流」的飯碗，剩下的人但求好運上門，卻依然只有極少數的人能夠找到真愛。

既然這麼麻煩，壓力又這麼大，有些人乾脆作假。他們會去參加俱樂部，這樣就能和另一個孤單的人在一起，合演一齣「靈魂伴侶相遇」的假戲。他們會結婚，他們會隱瞞婚姻問題，他們會在朋友及家人面前強顏歡笑。

「隨機靈魂伴侶」的世界，會是個很孤單的世界。但願那不是我們生活在其中的世界。

❷「我們就是那剩餘的0.99%！」

雷射筆照月球

Q．如果地球上所有人同時拿雷射筆對準月球照射，月球會變色嗎？

——彼得．利波維茲（Peter Lipowicz）

A．不會，如果拿的是普通雷射筆的話。

首先要考慮的是，並非所有人都能同時看到月亮。我們可以把大家統統聚集在某個地點，但這樣太勞師動眾了，不妨還是挑個時間，盡量讓最多人看得到月亮就好了。世界上的人口大約有 75%居住在東經 0 度與東經 120 度之間，等月亮高掛在阿拉伯海的上空，我們就來試試看吧。

我們要照射新月也好，滿月也行。新月比較暗，比較容易看到我們的雷射光。可是新月這個目標比較麻煩，因為新月大多在白天才看得到，效果沒那麼明顯。

我們還是挑弦月來試吧，這樣就能比較雷射光照在暗側及亮側的效果。

這就是我們的目標

典型的紅光雷射筆大約是5毫瓦，高品質的雷射筆光束夠「扎實」，照得到月球，不過，當光束照到月球時，會在月球表面擴散成很大一片區域。大氣層會使光束扭曲一點點，也會吸收一些光，但大部分的光都能到達月球。

假設所有人都穩穩瞄準月球照射，其他動作都不做，讓光線均勻擴散在月球表面。

在格林威治時間午夜過後半小時，所有人瞄準月球，按下按鈕。

結果會如何？

準備照射：

瞄準目標：

結果：

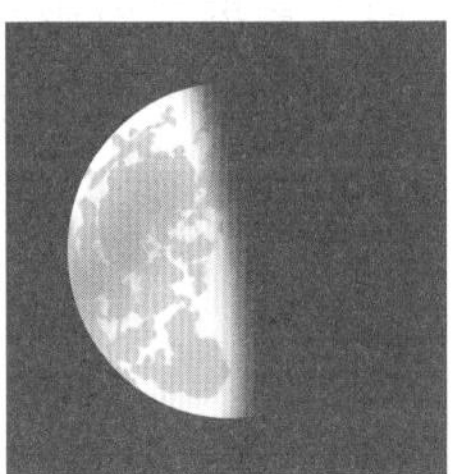

唉！簡直太令人失望了。

這倒不難理解。月球享受每平方公尺略超過1千瓦能量的日光浴。月球的截面積大約是 10^{13} 平方公尺，因此陽光照射月球的總能量大約是 10^{16} 瓦，也就是10霹瓦[1]，相當於每人2百萬瓦，遠比我們的5毫瓦雷射筆亮多了。（這個算法的每個部分，多少都精簡過，但基本的方程式沒有改變。）

如果用更強的光會怎樣？

1 瓦的雷射非常危險，威力之強，不僅會讓你的眼睛瞎掉，還會灼傷皮膚、點燃物品。很顯然，一般消費者在美國買這種東西是不合法的。

哈哈，逗你玩的啦！其實 1 瓦雷射不用 300 美元就買得到。只要在網上搜尋「1 瓦手持式雷射」就行了。

既然這麼簡單，假設我們花 2 兆美元，買 1 瓦綠光雷射給大家。（給總統候選人的備忘錄：誰提出這項政見，我就投誰一票。）綠光雷射不僅威力更強，而且更接近可見光光譜的中間區域，所以眼睛對綠光雷射比較敏感，看起來覺得比較亮。

效果怎樣？看得見嗎？

準備照射：

瞄準目標：

結果：

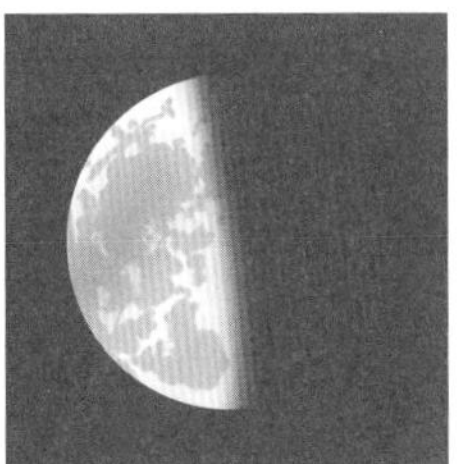

見你個大頭鬼啦！

---

❶ 譯注：1 霹瓦＝ 10^{15} 瓦。

我們現在用的雷射筆，發出的光大約是 150 流明[2]（已經比大多數的手電筒亮了），光束寬為 5 角分[3]。這樣的光照在月球表面，照度大約只有 0.5 勒克斯[4]。而太陽照射月球的照度大約是 130,000 勒克斯。（即使所有人都瞄得很準，總共也只能為大約 10%的月球表面貢獻 6 勒克斯的照度。）

相較之下，滿月照射在地球表面上的照度大約是 1 勒克斯，也就是說，我們照在月球上的雷射光太弱了，從地球上根本看不到，而且如果你站在月球上，照在月球上的雷射光，會比我們在地球上看到的月光還弱。

如果再用更強的光會怎樣？

過去十年來，鋰電池與 LED 技術突飛猛進，高性能手電筒在市場上大賣。但是很明顯，手電筒也完成不了這項任務。我們索性跳過這一段，直接一人發一部「夜太陽」（Nightsun）算了。

你可能沒聽過「夜太陽」這個名字，但說不定你以前曾經看人家用過：就是裝在警方及海岸巡防直升機上的那種探照燈。夜太陽的照射功率高達 50,000 流明，能夠把地上一大片範圍從黑夜照亮成白天。

夜太陽的光束有好幾度寬，所以我們要用聚焦透鏡，把光束聚焦成 0.5 度，這樣才能照到月球。

還是看不太出來，不過有進步了！光束的照度是 20 勒克斯，比月球暗側的環境光線強上兩倍！不過實在很難看得出來，而且亮側根本不受影響。

我們把夜太陽全換成 IMAX 投影機陣列：含兩顆 30,000 瓦的水冷式燈泡，總共可發出超過 1 百萬流明的強光。

---

❷ 譯注：光通量單位。

❸ 譯注：角度單位，角度 1° = 60 角分。

❹ 譯注：照度單位，1 勒克斯 = 1 流明／平方公尺。

準備照射：

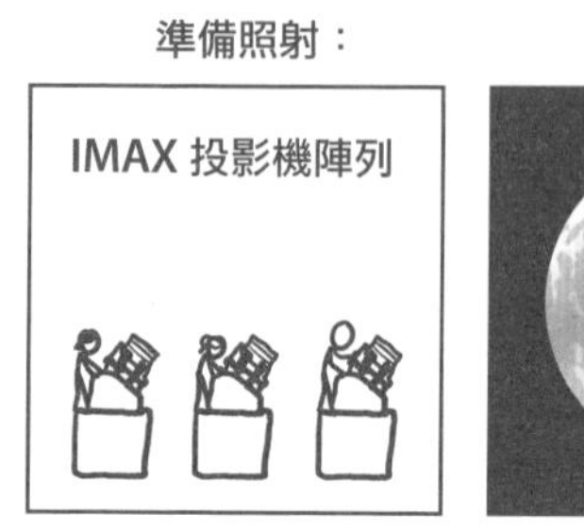

瞄準目標：

結果：

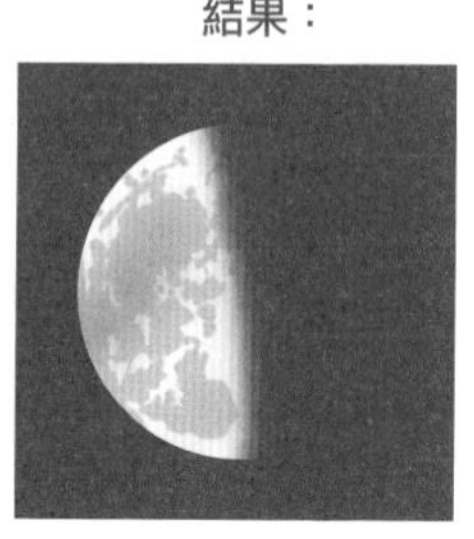

結果是幾乎看不見任何效果。

賭城拉斯維加斯那座有金字塔外觀的樂蜀飯店，在頂端裝有全世界最強的探照燈。來吧，一人發一部。

對了，每一部都要加上透鏡陣列，這樣光束才能聚焦在月球上：

準備照射：

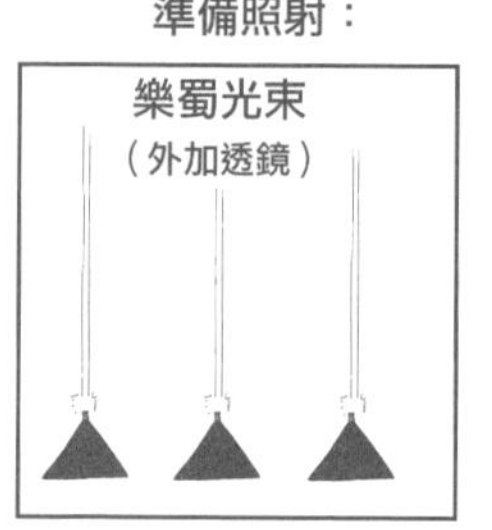

瞄準目標：

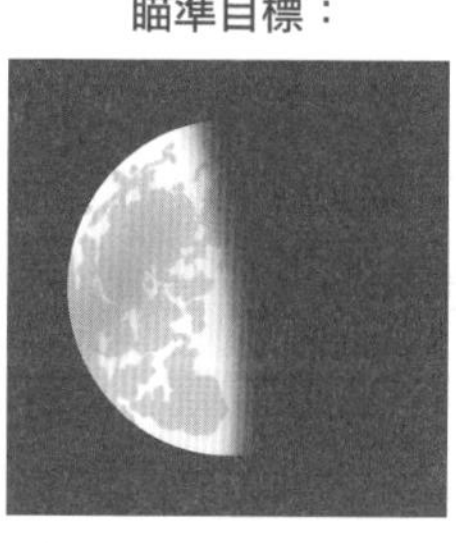

結果：

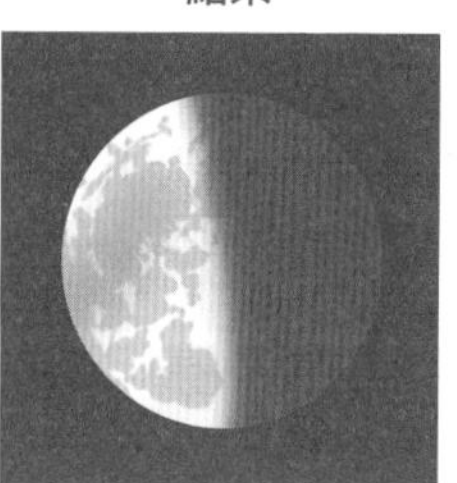

耶！終於看見我們投射的光了，大功告成！大家辛苦了！

如果再用更強的光會怎樣？

好吧……

美國國防部已經發展出百萬瓦級的雷射，專門用來摧毀飛行中的入侵導彈。

波音 YAL-1 是百萬瓦級的氧碘化學雷射，裝在波音 747 飛機上。YAL-1 是紅外線雷射，肉眼看不見，不過我們可以用想像力來建造同等功率的可見光雷射。

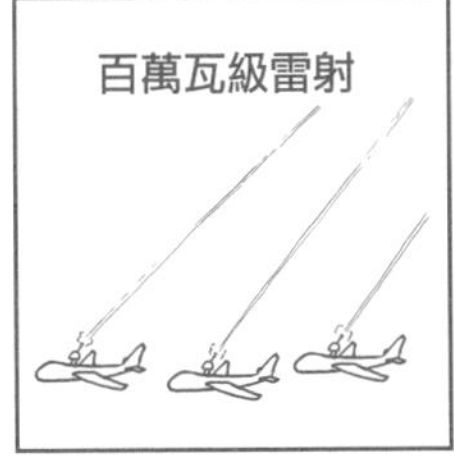

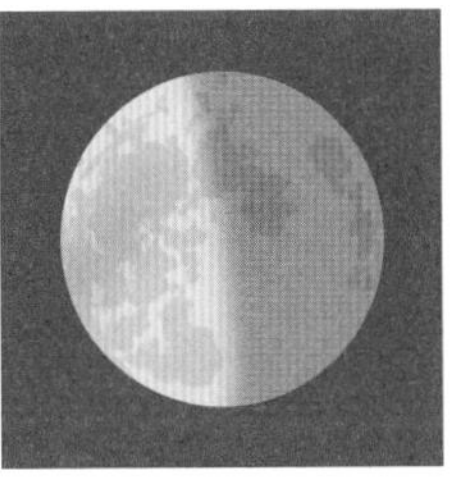

哈哈！皇天不負苦心人，我們總算和太陽的亮度有得拚了！

我們也用掉了 5 霹瓦的功率，這可是全世界平均電力消耗的兩倍呢。

好的，我們在亞洲的土地上，每平方公尺都裝上一部百萬瓦級的雷射。這套雷射陣列（總共有 50 兆部）所需要的電力，差不多兩分鐘就會用掉地球上所有的原油儲備，不過這兩分鐘的月球看起來會像次頁這樣：

準備照射：

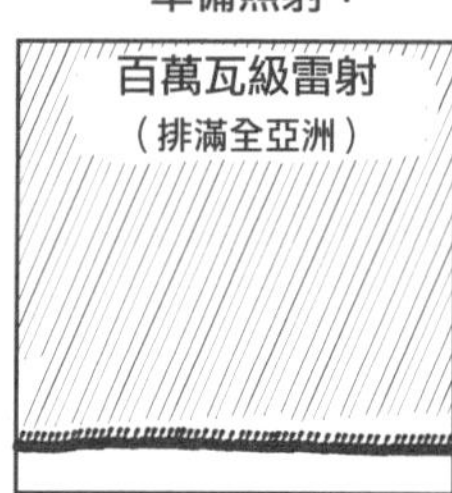

瞄準目標：

結果：

月球亮得像是上午十點左右的太陽，而且兩分鐘結束時，連月球上的土壤都會熱到發光。

好吧，一不做二不休，讓我們更堅定的邁向「不可置信的領域」。

世界上最強的雷射，是美國國家點火設施（簡稱 NIF，一所核融合研究實驗室）的「局限光束」。這種紫外線雷射具有 500 兆瓦[5]的輸出功率。不過，發射出來的單脈衝光只能持續幾奈秒，因此釋放出來的總能量，只相當於燃燒四分之一杯左右的汽油。

想像一下，假裝我們有辦法供應能量，可以連續不斷發射這種雷射光，然後人手一部雷射，全部對準月球。不幸的是，這麼一來，雷射的能量流會把大氣層變成電漿，瞬間引燃地表，把我們全部燒光光。不過我們暫且假設：雷射光就是有辦法通過大氣層，一切相安無事。

在那樣的情況下，結果地球還是會起火燃燒。從月球反射回來的月光，會比正午的日光還亮四千倍。月光會亮到足以在一年內燒乾地球的海洋。

先別管地球了，月球呢？會發生什麼事？

雷射本身會施加輻射壓，足以使月球以千萬分之一個重力加速度（g）加速運動。這樣的加速在短時間內沒什麼感覺，但是過個幾年，就會加速到足以把月球推出地球軌道……

如果輻射壓是唯一牽涉到的外力，那也就罷了。

40 百萬焦耳的能量，便足以使 1 公斤的岩石汽化。假設月球岩石的平均密度為 3 公斤／公升，則雷射光發出的能量，足以使月球的岩層每秒鐘汽化 4 公尺：

$$\frac{5\text{億人}\times 500\text{兆瓦}/\text{人}}{\pi\times\text{月球半徑}^2}\times 20\,\text{百萬焦耳}/\text{公斤}\times 3\,\text{公斤}/\text{公升}\approx 4\,\text{公尺}/\text{秒}$$

然而，實際上月球岩石不會汽化得那麼快——這是有原因的，而且這個原因非常重要。

當一大塊岩石汽化時，並不是就這麼消失了。月球的表層變成電漿，但這層電漿還是會擋住光束的路徑。

我們的雷射光會不斷往這層電漿注入更多能量，使電漿不斷熱上加熱。粒子彼此碰撞反彈，撞上月球表面，最後以極高的速率噴向太空。

這道物質粒子流，實際上把整個月球表面變成了火箭引擎，而且是效率驚人的引擎。像這樣利用雷射使表面物質汽化噴發的過程，稱為雷射剝蝕，對於太空船來說，這種推進方式大有可為。

---

❺ 譯注：1 兆瓦＝10^{12} 瓦。

月球非常大，但是「岩石電漿噴流」肯定會開始慢慢的把月球推離地球。（噴流也會把地球表面沖蝕得乾乾淨淨，並且摧毀雷射陣列，但是我們暫且假裝雷射陣列堅不可摧。）電漿也會把月球表面完全轟掉，這部分的交互作用實在太複雜了，很難用模式來模擬。

不過，如果我們大膽的猜測，假設電漿裡的粒子以平均每秒500公里的速率噴出，過不了幾個月，月球就會脫離我們的雷射射程範圍。月球的質量大多還能保住，但是月球會脫離地球的重力，進入環繞太陽運行的歪斜軌道。

嚴格來說，根據國際天文學協會（IAU）對行星的定義，月球不會變成新的行星。由於月球的新軌道會和地球軌道相交，因此月球會歸為如冥王星之類的矮行星。這樣的地球相交軌道，三不五時就會導致不可預知的軌道擾動。到最後，月球要不是射進太陽裡，就是給甩到外太陽系，或是一頭撞向某顆行星──很可能就是我們這顆地球。如果真的是最後這種情況的話，我想大家應該會一致承認，我們是自作自受。

最後成績揭曉：

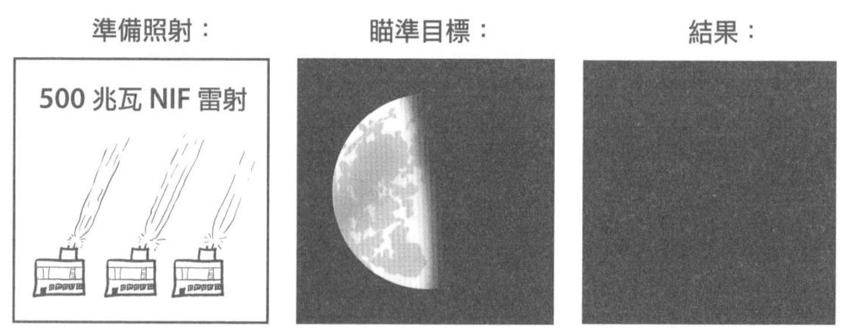

這下子，威力總算夠強了吧！

元素週期牆

Q. 如果拿方塊磚頭來製作元素週期表，每塊方磚都以相對應的元素製成，結果會發生什麼事？

——安迪．康諾利（Andy Connolly）

A. 有人喜歡蒐集元素。這些玩家想盡辦法蒐集元素的實體樣本，把元素存放在週期表形狀的展示盒[1]。

週期表的一百一十八種元素當中，有三十種在各地的商店就可以買得到純元素，例如氦、碳、鋁及鐵等。拿個東西拆解一番，又可搜刮出其他幾十種（比方說，煙霧偵測器裡頭找得到一點點鋂元素）。其他元素可以在網路上訂購。

總歸一句話，你可能找得到大約八十種元素樣本，或是九十種——如果你願意冒著健康安全出問題、或是被警察逮捕的風險。剩下的元素放射性太高，或者生命期太短，一次只能蒐集到區區幾個原子。

可是，如果你真的蒐集到了呢？

---

❶ 請把元素想像成危險、具放射性、短命的「神奇寶貝」。

元素週期表有七行[2]。

氫																	氦
鋰	鈹											硼	碳	氮	氧	氟	氖
鈉	鎂											鋁	矽	磷	硫	氯	氬
鉀	鈣	鈧	鈦	釩	鉻	錳	鐵	鈷	鎳	銅	鋅	鎵	鍺	砷	硒	溴	氪
銣	鍶	釔	鋯	鈮	鉬	鎝	釕	銠	鈀	銀	鎘	銦	錫	銻	碲	碘	氙
銫	鋇		鉿	鉭	鎢	錸	鋨	銥	鉑	金	汞	鉈	鉛	鉍	釙	砈	氡
鍅	鐳		鑪	𨧀	𨭎	𨨏	𨭆	䥑	鐽	錀	鎶	(113)	鈇	(115)	鉝	(117)	(118)

鑭	鈰	鐠	釹	鉕	釤	銪	釓	鋱	鏑	鈥	鉺	銩	鐿	鎦
錒	釷	鏷	鈾	錼	鈽	鋂	鋦	鉳	鉲	鑀	鐨	鍆	鐯	鐒

- 把最上面那兩行排好並不會太麻煩。
- 排第三行時會讓你著火。
- 第四行的有毒煙霧會讓你死得很慘。
- 第五行的情況同前二行，而且你還會沾上輕微的輻射劑量。
- 第六行會劇烈爆炸，含有劇毒且有放射性的熊熊大火會燒毀建築物。
- 千萬別想排第七行。

我們從最上面一行開始說起。第一行很簡單，可是有點無聊：

氫的方磚會往上飄，然後消散，就像是「沒有汽球皮的汽

氦也一樣。

第二行比較麻煩一點。

鋰會立刻失去光澤。鈹很毒，要小心伺候，免得鈹塵跑到空氣裡。

氧和氮四處飄來飄去，漸漸消散。氖飄著飄著就飄走了[3]。

淡黃色的氟氣體會在地面到處擴散。氟是週期表當中最容易起反應、最具腐蝕性的元素之一。任何接觸到純氟的物質，幾乎都會不由自主的起火燃燒。

我和有機化學家小羅（Derek Lowe）聊到這種假設情境[4]。他說，氟和氖不會起反應，「氟和氦會處於一種武裝休戰狀態，而其他的東西呢，咻……」即使是下面幾行元素，氟一擴散碰到這些元素，就會出問題，萬一氟碰到水氣，就會形成具腐蝕性的氫氟酸。

---

❷ 等你看到這裡時，可能又會多出第八行。如果你是在 2038 年看這本書的話，週期表會有十行，但是電影「機器人帝國」（*Robot Overlords*）裡會禁止大家提到或討論週期表。

❸ 這是假設這些元素是以雙原子形式（例如 O_2、N_2）存在。如果方磚是以單原子形式存在的話，原子會立刻結合，同時溫度會升高到幾千度。

❹ 小羅是藥物研究部落格 In the Pipeline（http://www.corante.com/pipeline/）的作者，這部落格很棒。

即使你只吸入極微量的氟，也會嚴重傷害你的鼻子、肺、嘴巴、眼睛，最後整個人就完了。你鐵定需要戴上防毒面具。切記：氟會侵蝕那些可能拿來製造防毒面具的材料，所以你最好先測試一下。祝你玩得開心！

繼續說到第三行。

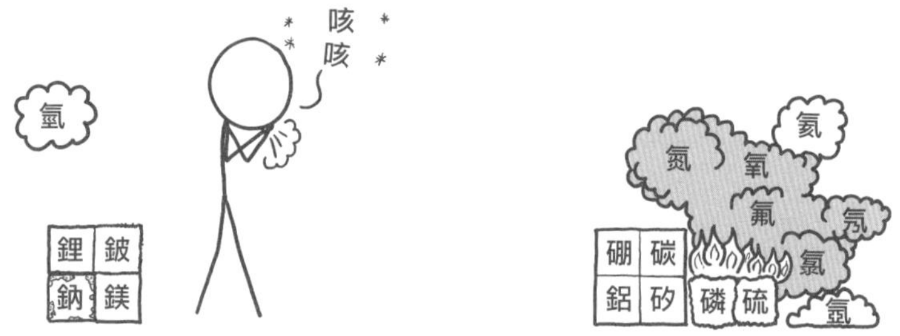

這裡的資料，一半來自《CRC 化學物理手冊》（*CRC Handbook of Chemistry and Physics*），另一半來自英國電視節目「看看你身邊」（Look Around You）。

第三行中，最會惹麻煩的是磷。純磷有幾種形式，紅磷算是相當安全的；白磷一碰到空氣就會自燃。白磷的火焰溫度極高、很難熄滅，而且非常毒[5]。

硫在正常情況下不會出問題；頂多是聞起來很臭而已。可是我們的硫「左擁燃燒的磷，右抱氟和氯」，夾在中間變成三明治。硫一接觸到純氟氣體，就會像眾多物質一樣起火燃燒。

惰性氣體氬比空氣重，所以只會在地上散成一灘。不必擔心氬了，更大的麻煩還在後頭。

剛才的火會產生各種可怕的化學物質，例如六氟化硫之類的。如果你是在室內玩這些東西，就會遭有毒煙霧嗆昏，建築物還可能會燒掉。

才第三行就已經這樣了。繼續來看第四行！

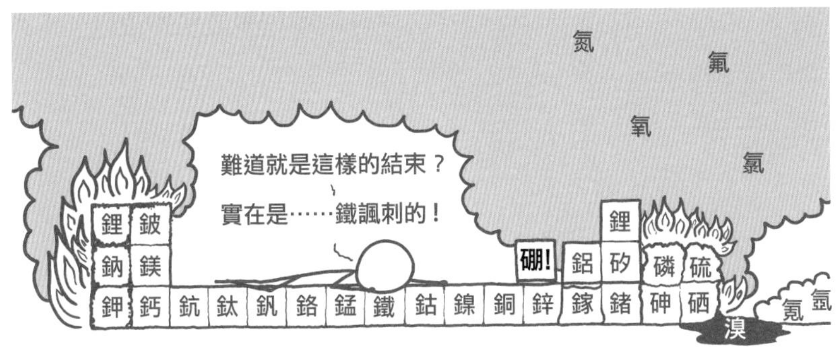

「砷」聽起來很嚇人。聽起來嚇人的原因很理所當然：砷對幾乎所有的複雜生命形式來說，都是有毒的。

一說到可怕的化學物質，大家常常都嚇得要死，這種恐慌有時候太誇張；所有的食物及飲水都含有極微量的天然砷，大家還不是活得好好的？不是遇到砷，就一定會死。

燃燒的磷（燃燒的鉀也來參一腳，鉀和磷一樣很容易自燃）可能會引燃砷，釋放出大量的三氧化二砷[6]。這東西毒得不得了，千萬不要吸。

第四行元素也會產生惡臭。硒和溴會很積極的起反應，小羅說，燃燒的硒「能讓硫聞起來像香奈兒。」

鋁若能僥倖逃過大火，就會發生怪事。在鋁的下方，熔化的鎵會滲進鋁裡頭，破壞鋁的結構，使鋁變得如濕紙般又軟又脆弱[7]。

---

❺ 由於這項性質，導致白磷在燃燒砲彈上的使用頗具爭議。

❻ 譯注：就是所謂的砒霜。

❼ 請上 YouTube 搜尋「gallium infiltration」（鎵的滲透）看看，這真的很怪。

燃燒的硫會波及溴。溴在室溫下是液體，除了溴，其他具有這種性質的元素就只有一種：汞（水銀）。溴也是不好惹的傢伙。這場火一燒起來，產生的有毒化合物會多到數也數不完。不過，如果你做這場實驗時有保持安全距離，或許還能保住小命。

第五行包含某種有趣的元素：鎝-99，我們的第一塊放射性方磚。

在沒有穩定同位素的元素當中，鎝是原子序最小的。在我們的實驗中，1公升劑量的鎝金屬磚還不會致命，但仍不可等閒視之。如果你把鎝當成帽子戴在頭上一整天，或是吸到鎝塵，肯定會沒命。

嚴禁戴在頭上。

除了鎝以外，第五行的元素和第四行的很類似。

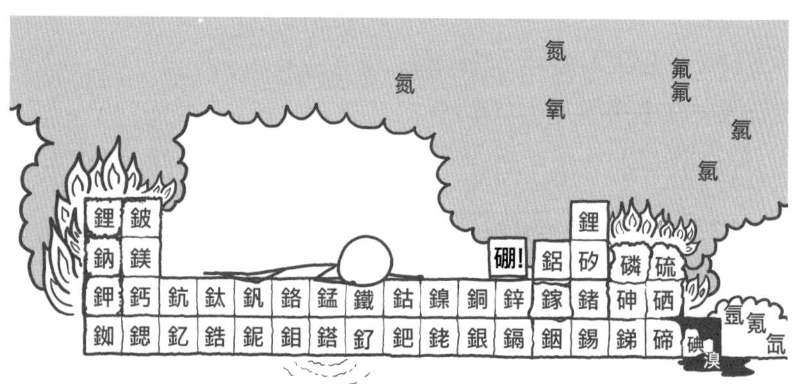

來到第六行了！無論你如何小心翼翼，第六行元素保證會讓你活不成。

這個週期表版本，可能比你慣用的稍微寬一點，因為我們把鑭系及錒系元素插入第六行與第七行中。（這些元素通常會從主週期表獨立出來，以免週期表排起來太寬。）

週期表第六行包含好幾種放射性元素，例如鉅，釙[8]，砈和氡。砈是裡頭最不乖的[9]。我們不知道砈長什麼樣子，因為正如小羅所說的：「那玩意兒就是不想存在這世上。」砈的放射性極強（半衰期以小時計），再怎麼大塊的砈，都會因本身的高熱而迅速蒸發。化學家懷疑，砈的表面可能是黑色的，但沒有人敢打包票。

砈沒有物質安全資料表。如果有的話，上面只會有一個字，字跡潦草、一遍又一遍用燒焦的血寫著：「不～～～～」

我們的方磚所含的砈，暫時堪稱是史上合成出來最多的。我說「暫時」，是因為這塊砈磚會瞬間變成一團過熱的氣體。單單是高熱，就會使旁邊所有人慘遭三度灼傷，而且建築物也會垮掉。一團熾熱的氣體迅速竄到天空，傾洩出熱及輻射。

❽ 2006 年，前蘇聯國家安全委員會（KGB）軍官利特維年科（Alexander Litvinenko），慘遭浸過釙 -210 的雨傘毒死。

❾ 氡是裡頭最可愛的。

這場爆炸的威力算是不大不小，夠讓你的實驗室寫一份史上最厚的報告。爆炸威力如果小一點，你還有掩飾罪行的機會。如果爆炸威力大一點，整座城市沒剩下半個人，你的報告就無處可呈交了。

沾到砈、鈁及其他放射性生成物的灰塵碎屑，如雨般從爆炸雲紛紛落下，使得下風處的鄰近地區完全無法居住。

輻射值會高到不行。通常眨眼只需要幾百毫秒，說真的，你一眨眼，就會沾上了致命劑量的輻射。

你的死因，我們可能會稱為「嚴重急性輻射中毒」，也就是說——你會慘遭活活煮熟。

第七行會更慘更慘。

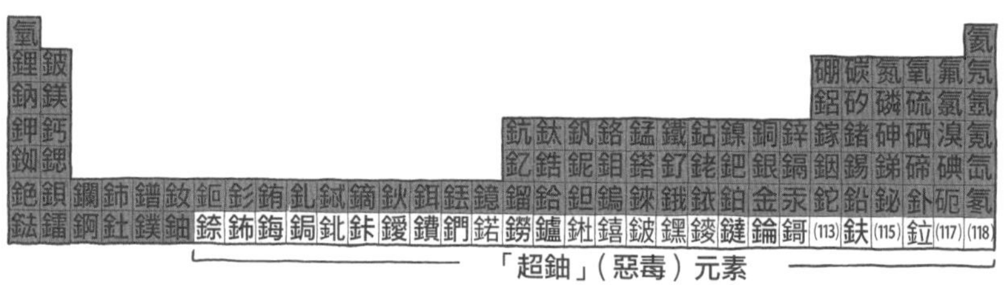

週期表的最後一行，有一大堆奇奇怪怪的元素，統稱為**超鈾元素**。長期以來，很多超鈾元素都只有暫時的名稱，但後來一個一個都有了固定的名稱。

不必著急，因為這些元素大多非常不穩定，以致於只有粒子加速器才能製造出來，而且只存在不到幾分鐘。如果你有 100,000 個鉝（元素 116）原子，一秒鐘後你會只剩下一個，再過幾百毫秒，連那一個原子也不見了。

不幸的是，對於我們的實驗來說，超鈾元素並非靜靜的消失。

超鈾元素的衰變具放射性，大部分元素衰變出來的東西，也會衰變。任何一種高原子序的元素方磚，都會在幾秒鐘之內衰變，釋放出驚人的能量。

結果並不是像核爆炸一樣——它根本就是核爆炸。不過，和分裂彈（原子彈）不一樣的是，這不會是連鎖反應，而只會有一次反應——一次就全部玩完了。

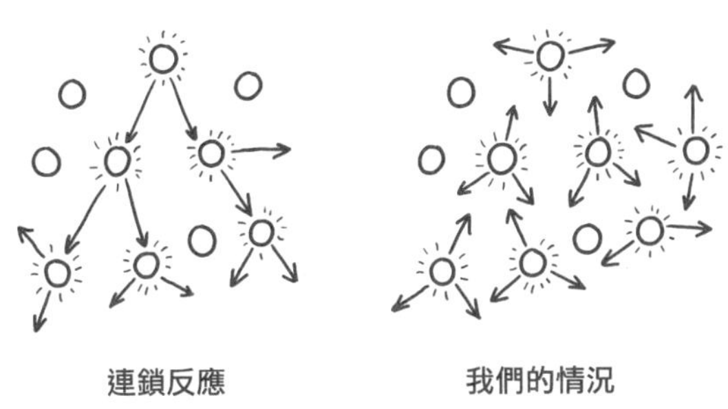

滔滔不絕的能量會把你（以及剩下的週期表元素）瞬間變成電漿。這種爆炸跟中型核爆類似，但放射性落塵比中型核爆還要糟得多——是一團混和物：週期表上所有元素全都變成了別的東西，說多快就有多快。

城市上空會生出一朵蕈狀雲。蕈狀雲的頂端會衝破平流層，雲頂本身的熱讓雲飄浮著。如果你是在人口稠密區，爆炸造成的立即傷亡會非常驚人，但更糟糕的是來自落塵的長期汙染。

這落塵可不是常見的普通放射性落塵[10]，而是如同爆炸個不停

⑩ 你知道吧，就是那些我們都不屑一顧的東西。

的核彈。碎屑會散落到世界各地，放射性比車諾比核災還要高幾千倍。全部的地區都會遭殃，幾百年才清理得完。

蒐集東西固然很好玩，但如果是化學元素的話，你一點都不會想蒐集。

大家一起跳

Q. 如果地球上所有人統統站在一起，愈靠近愈好，然後大家同時往上跳、同時落地，結果會怎樣？

——湯瑪斯．班尼特（Thomas Bennett）等一干人

A. 大家來敝網站問的問題當中，這是最熱門的問題之一，以前早就有人研究過，例如「科學部落格」（ScienceBlogs）以及「問答情報站」（The Straight Dope）。他們把運動學的部分解釋得挺好的，不過他們沒把故事說完。

我們再來仔細推敲一下。

故事一開始，地球上的全部人口已經神奇的統統「轉移」到某個地方。

這一大群人，恐怕得占用美國羅德島州那麼大的地方。可是我

們用「羅德島州那麼大」這種含糊的字眼，實在沒什麼道理。故事是我們自己編的，因此可以很具體的說：大家都集合在羅德島州。

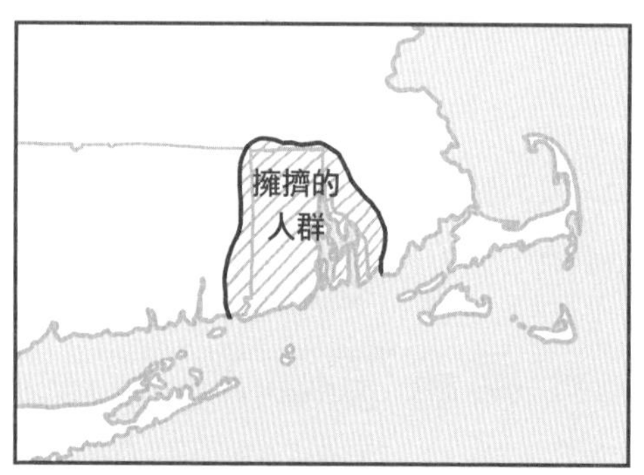

正午鐘聲一響，大家一起跳。

正如之前在別處討論過的，地球根本不為所動。地球的重量是我們所有人的十兆倍以上。平均而言，人垂直往上跳，狀況好的時候可以離地 0.5 公尺左右。即使地球是剛體（很堅硬）且立即有反應，往下推動的距離也根本不到一個原子的寬度。

然後，大家都落回到地面上。

技術上來說，這會給地球帶來很大的能量，但是能量分布的面積太廣了，以致於跟「在很多花園裡留下腳印」沒多大差別。輕微的壓力脈動傳遍北美大陸地殼，不痛不癢的就消散了。眾人的腳撞擊地面發出的聲音，引起響亮的長聲轟鳴，持續了幾秒鐘。

最後，空氣變安靜了。

又過了好幾秒。大家面面相覷。

很多人眼神怪彆扭的。還有人在咳嗽。

有人從口袋裡掏出手機。沒幾秒鐘，全世界其餘的五十億支手機紛紛跟進。全部的手機都顯示某種語言版本的「沒有訊號」（連那些可以和當地基地臺相容的手機也一樣）。行動網路在前所未有的負載下全部癱瘓。位於羅德島州以外，其他沒人管的機器設備開始嘎一聲停擺。

羅德島州的沃威克市塔虎托機場，每天可以應付幾千人次的旅客。假設機場人員辦起事來有條不紊（例如出動偵察任務小組去找燃料），他們就算是以500%的運輸量拚命運作好幾年，人群還是幾乎原封不動，沒怎麼減少。

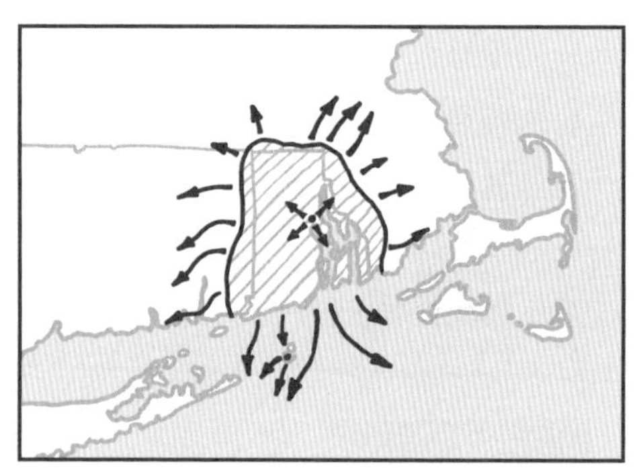

把附近其他機場加進來，情況也好不了太多。再加上當地的輕軌鐵路系統也還是沒用。人群蜂擁爬上停在普羅維登斯深水港的貨櫃船，不過要應付長時間的海上航行，囤積足夠的食物及飲水絕對是一項挑戰。

羅德島州的五十萬輛汽車被強行徵用。沒多久，I-95、I-195和I-295公路變成了地球史上最大的交通阻塞地。大多數的車子遭人群包圍、動彈不得，少數幸運的車子好不容易突破重圍，開始在沒人管的公路網上奔馳流浪。

有些車子在燃料耗盡之前，及時開過了紐約或波士頓。這時候大概不會有電力供應，與其去找可以加油的加油站，還不如乾脆丟掉車子，再偷一輛新車來開算了。有誰會來抓你？反正全部的警察都困在羅德島州。

人群的邊緣向外散開，進入麻州南部和康乃迪克州。隨便兩個人碰在一起，大概都會「雞同鴨講」難以用同一種語言溝通，而且幾乎沒有人熟悉這裡的環境。美國的社會階級分了又合、合了又分，變成東拼西湊的一團亂。暴力事件層出不窮。大家又餓又渴。雜貨店遭洗劫一空。飲用水很難取得，也沒有什麼有效的方法來分配水。

不出幾個星期，羅德島州就成了億萬人的葬身之處。

倖存者在地表四處蔓延，在舊有世界的廢墟上，艱困的建立新文明。我們人類苟延殘喘，但是人口已大幅減少。地球的運行軌道完全不受影響，若無其事自顧自的旋轉著，和我們「人類一起跳」之前一模一樣。

可是現在，至少我們如果知道人類一起跳，會怎樣了。

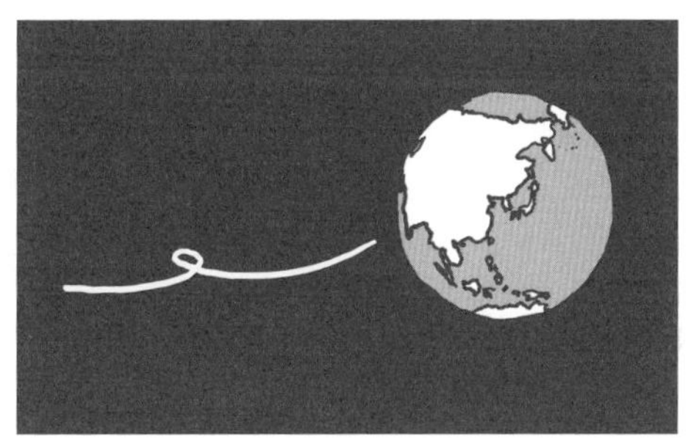

1 莫耳的鼴鼠

Q. 如果你找個地方，聚集 1 莫耳的鼴鼠，結果會怎樣？

——西恩．萊斯（Sean Rice）

A. 結果會變得有點令人發毛。

「莫耳」和「鼴鼠」的英文都是 mole，因此先來說明一下定義。

「莫耳」是一種單位。不過，莫耳不是典型的單位，實際上只是一個數字，就像「打」或「十億」一樣。如果你有 1 莫耳的某樣東西，表示你有 602,214,129,000,000,000,000,000 個這種東西（通常寫成 6.022×10^{23}）。「莫耳」是非常大的數字[1]，是用來計算分子數（分子的個數）的，而分子數本來就多到不行。

分子實在是太多了。

「鼴鼠」是一種會挖洞的哺乳動物。鼴鼠有好幾種類型，其中有些真的很恐怖[2]。

所以，1 莫耳的鼴鼠，也就是 602,214,129,000,000,000,000,000 隻動物，看起來會是什麼樣子呢？

我們先大膽估計一下。當我只是想「感覺」數量有多少時，通常都先不拿出計算機來算，而是在腦海中把問題想一遍。計算很大的數量時，10、1 和 0.1 其實都差不多，所以我們不妨把這些數字當成相等。

鼴鼠很小，小到我可以把牠拿起來丟[誰說的？]。我丟得動的東西大概重 1 磅。1 磅可以當成 1 公斤。602,214,129,000,000,000,000,000 看起來大約是 1 兆的兩倍長，所以是 1 兆兆。我碰巧記得，1 兆兆公斤差不多就是行星的重量。

……如果有人問起，我可沒說過數學運算可以這樣子做喔。

❶「1 莫耳」差不多是 1 克氫的原子數。很湊巧，根據差強人意的約略估計，地球上的沙粒數也是這個數字。

❷ 詳見 http://en.wikipedia.org/wiki/File:Condylura.jpg。

這麼一來，就足以告訴我們：討論一大堆的鼴鼠得用到行星尺度。以上的估計非常粗略，從任何方面看來都可能相差十萬八千里。

我們還是認真的算一下吧。

一隻美洲鼴鼠大約重 75 克，也就是說，1 莫耳鼴鼠的重量是：

$$(6.022 \times 10^{23}) \times 75\ \text{克} \approx 4.52 \times 10^{22}\ \text{公斤}$$

比月球質量的一半稍微大一點。

哺乳類身上主要是水。1 公斤的水占 1 公升的體積，如果鼴鼠的重量是 4.52×10^{22} 公斤，鼴鼠所占的體積就是大約 4.52×10^{22} 公升。你可能注意到，我們忽略了鼴鼠之間縫隙占的體積。等一下你就知道為什麼了。

4.52×10^{22} 公升的立方根是 3,562 公里，也就是說，我們所討論的是直徑為 2,210 公里的球體，或是邊長為 2,213 英里的立方體[3]。

如果把這些鼴鼠放在地球表面，就會堆到 80 公里那麼高——幾乎滿到了（之前的）太空邊緣：

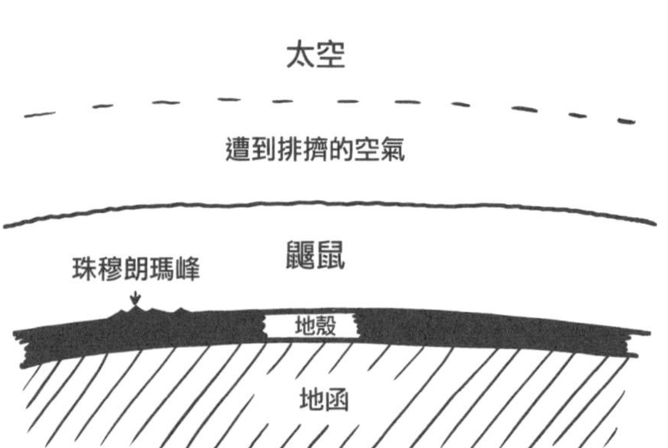

這團令人窒息的「高壓肉海」，會讓地球上的生物死掉一大半，嚴重威脅到網域名稱系統 DNS 的完整性，造成 reddit[4] 網站用戶的恐慌，所以絕對不能在地球上做這件事。

找別的地方吧，我們把鼴鼠聚集在行星際空間好了。萬有引力會把這些鼴鼠拉扯成球體。肉的壓縮性不太好，所以球體只會受到一點點重力收縮，結果我們會變出一顆比月球稍微大一點的「鼴鼠行星」。

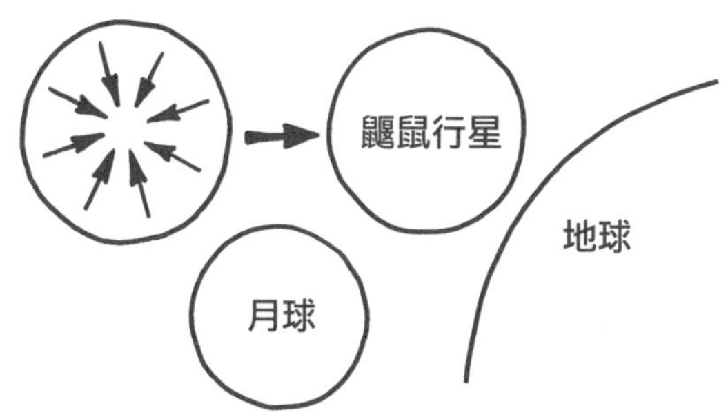

鼴鼠行星的表面重力大約是地球重力的十六分之一，和冥王星的重力差不多。鼴鼠行星一開始的溫度很溫和均勻，大概比室溫高一點點，重力收縮會使行星內部深處的溫度稍微高幾度。

但這時候，事情變得不大對勁。

鼴鼠行星算是一顆巨大的肉球，因此具有很多潛熱（鼴鼠行星含有的卡路里，多到足以供應地球現有人口三百億年之用）。正常情況下，當有機物分解時，釋放出的能量以熱能的形式為主。然而

❸ 這是奇妙的巧合，我以前從沒注意到，1 立方英里幾乎剛好是 $4\pi/3$ 立方公里，所以半徑為 X 公里的球體體積，等於邊長為 X 英里的立方體體積。

❹ 譯注：reddit 是社交化的新聞娛樂網站。

行星內部絕大多數的區域，受到的壓力會超過 100 百萬帕，這麼大的壓力足以殺死所有細菌，把鼴鼠屍體消毒得乾乾淨淨，不剩任何微生物來分解鼴鼠的身體組織。

靠近表層的區域壓力沒那麼大，但這部分還有另一個障礙要化解——鼴鼠行星內部的氧氣很少。沒有氧氣，一般的分解作用無法進行，唯一能夠分解鼴鼠的細菌，就是那些不需要氧氣的細菌。這種厭氧分解作用雖說效率不高，還是可能釋放出大量的熱；若是置之不理，早晚會把行星加熱到沸騰。

還好分解作用會自我節制。很少有細菌能在 60℃以上的溫度存活，因此隨溫度升高，細菌會相繼死亡，分解作用就會變慢。整個行星上的鼴鼠屍體會逐漸分解成油母質（一種軟糊糊的有機物），如果行星的溫度再高一點，油母質最後會變成油。

鼴鼠行星的最外層表面，會向太空輻射出熱量而結冰。因為鼴鼠是名副其實的毛皮大衣，當毛皮大衣結冰時，對行星內部有隔熱效果，減緩了熱量的散失。然而行星內部液體的熱量流動，主要是受到對流的作用。於是熱騰騰的肉團、受困的氣泡（如甲烷），加上死亡鼴鼠肺裡的空氣，統統三不五時便從鼴鼠地殼竄升上來，如火山爆發般噴出地表，變成「死亡間歇泉」，把鼴鼠屍體炸飛到行星之外。

經過成千上百年的混亂，鼴鼠行星總算歸於平靜、冷卻下來，冷到整個星球開始結冰。行星內部深處受到極高的壓力，以致於隨著行星變冷，水竟然結晶成冰的各種奇特形式，例如冰 III 及冰 V，最後又變成冰 II 及冰 IX[5]。

總而言之，這景象慘不忍睹。幸好，還有一個更好的辦法。

我不知道全球鼴鼠的族群數量（或一般小型哺乳動物的生物質量）到底有多少，但我們不妨隨便瞎猜一下：每有一個人類，就有至少幾十隻小老鼠、大老鼠、田鼠及其他的小型哺乳動物。

我們銀河系可能有 10 億顆適居行星。如果我們殖民到這些行星上，肯定也會把小老鼠、大老鼠一起帶去。如果其中有百分之一的行星，上面住的小型哺乳動物數量和地球上的一樣多，幾百萬年以後（以演化的時間尺度來看，這不算太久），曾經活著的動物總數，就會超過亞佛加厥數[6]。

如果你想要 1 莫耳的鼴鼠，麻煩去建一艘太空船吧。

❺ 與馮內果（Kurt Vonnegut）科幻小說中的「冰九」（ice-nine）無關。

❻ 1 莫耳物質所含的基本單元數＝ 6.022×10^{23}，此常數稱為亞佛加厥數，以紀念義大利化學家阿莫迪歐．亞佛加厥（Amedeo Avogadro）。

金剛不壞吹風機

Q. 如果把具有連續功率的吹風機開著一直吹，然後放進 1 公尺見方的氣密箱子裡，結果會怎樣？

——乾掉的啪嗒烏龜（Dry Paratroopa）

A. 一般吹風機的消耗功率是 1,875 瓦。

這所有的 1,875 瓦必須有地方可去。無論箱子裡發生什麼事，只要使用了 1,875 瓦的功率，最後也會流出 1,875 瓦的熱。

任何用電設備都是同樣的道理，明白這個道理挺實用的。舉例來說，有人擔心，如果把沒連上裝置的充電器插在插座上，恐怕會耗電。果真如此？熱流分析提供了簡單的經驗法則：如果閒置不用的充電器摸起來不熱，一天的耗電不到一美分。以智慧型手機的小充電器來說，如果摸起來不熱，則一年的耗電不到一美分。任何用電設備幾乎都是同樣的道理[1]。

言歸正傳，回來看看箱子吧。

熱會從吹風機流出來，流進箱子裡。如果我們假設吹風機堅不可摧，箱子的內部將不斷變熱，直到箱子的外表達到 60℃左右。在那樣的溫度下，箱子把熱散失到外面的散熱率，跟吹風機在箱子裡的加熱率一樣快，系統將達到平衡。

（這箱子比我的親爹娘還溫暖！我的新爹娘就是它了。）

如果有風，或把箱子放在導熱很快的潮濕表面或金屬表面上，則平衡溫度將會稍微低一點。

如果是金屬製的箱子，只要你觸摸箱子超過五秒鐘，手就會燙到灼傷。如果是木製的箱子，也許你可以觸摸箱子久一點，不過有風險：箱子接觸到吹風機風嘴的部分，可能會著火。

箱子內部就像烤箱一樣，箱子達到的溫度取決於箱壁的厚度；箱壁愈厚、愈絕熱，內部溫度就愈高。箱子根本不用多厚，產生的高溫便足以燒壞吹風機。

但我們姑且假設吹風機堅不可摧。如果有個東西像「堅不可摧的吹風機」這麼酷，卻限制人家只能達到 1,875 瓦，未免太可惜了。

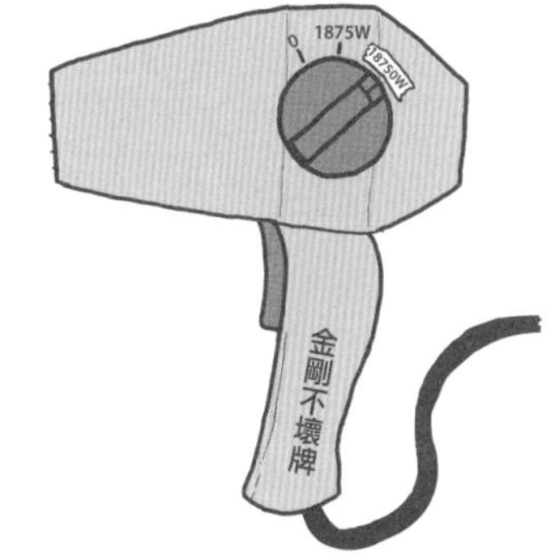

❶ 不過，對於有連接裝置的充電器就不見得是如此了。如果充電器連到某個裝置，例如智慧型手機或筆記型電腦，電可能會從牆上的插座、經由充電器流進裝置裡。

吹風機流出的功率若是 18,750 瓦，箱子表面溫度將達到 200℃以上，跟中至低溫爐子上的平底鍋一樣燙。

不知道刻度可以轉到多高？

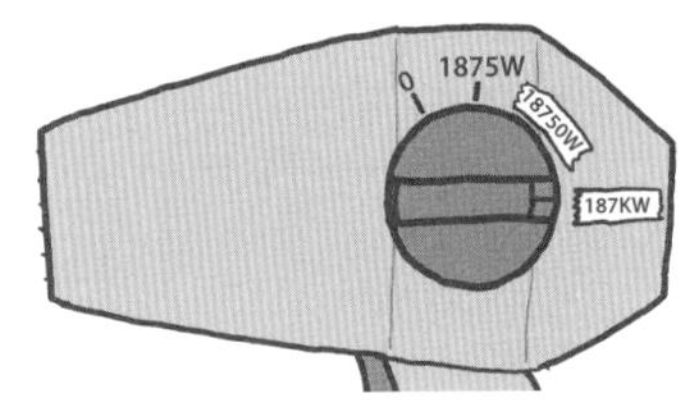

刻度盤上還有很多空間耶，怎麼辦？好煩喔。

箱子表面溫度現在達到 600℃，燙到發出泛紅的光了。

如果是鋁製的箱子，箱子裡面正要開始熔化。如果是鉛製的箱子，箱子外面正要開始熔化。如果箱子放在木地板上，那房子就著火了。不過箱子周圍發生什麼事都無所謂；反正吹風機是堅不可摧的。

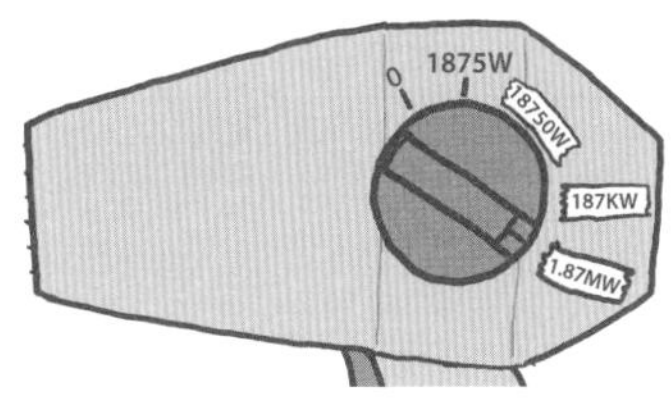

把 1.87 百萬瓦灌注到雷射裡，便足以摧毀導彈。
溫度達到 1,300℃，箱子現在大約和熔岩一樣燙了。

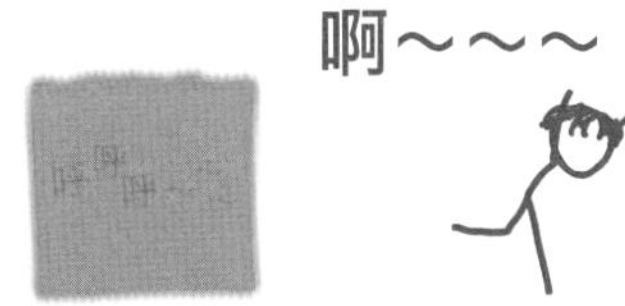

刻度再增加一格。

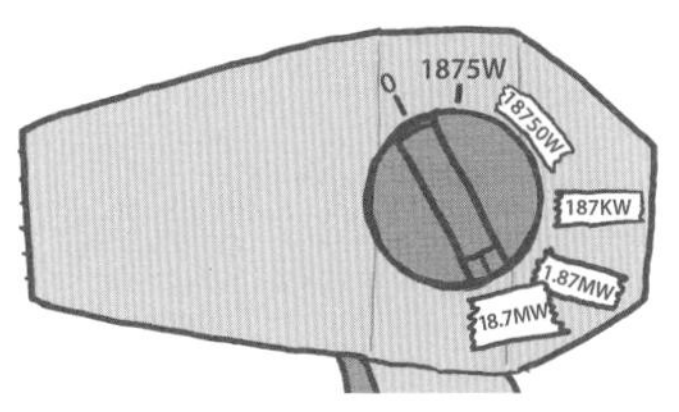

（這部吹風機可能不合法規。）

現在 18.7 百萬瓦正不斷流入箱子中。

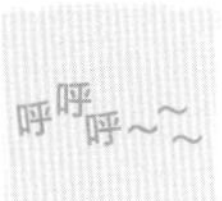

箱子表面的溫度高達 2,400℃。如果是鋼製的箱子，現在應該早就熔化了。如果是鎢製的箱子，想必可以再撐稍微久一點。

再一格就好，然後我們就不玩了。

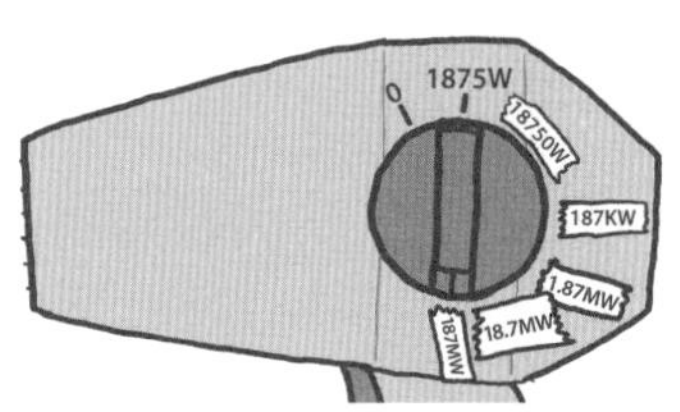

這麼大的功率（187 百萬瓦）足以使箱子發出白熱光。能頂得住這些狀況的材質不多，所以我們得假設：箱子堅不可摧。

地板是熔岩製的。

不幸的是，地板並非堅不可摧。

正當箱子快要燒穿地板之際，有人丟了顆水球到箱子底下。一陣水氣猛然把箱子射出大門外，掉在人行道上[2]。

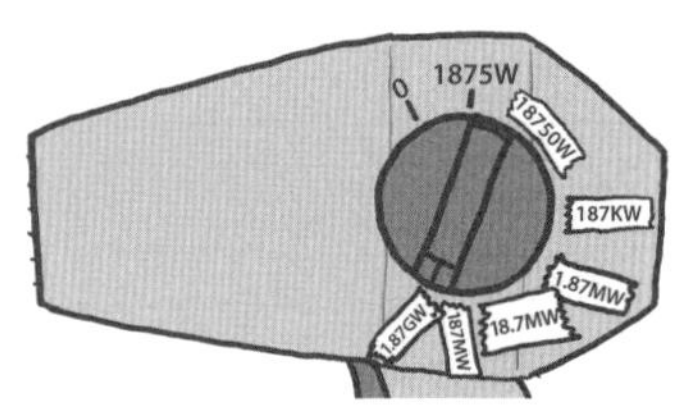

我們再轉到 1.875 吉瓦[3]—我剛才說不玩了，那是騙你的啦。根據電影「回到未來」的劇情，吹風機目前正在消耗的功率，足以使時光倒轉回到從前。

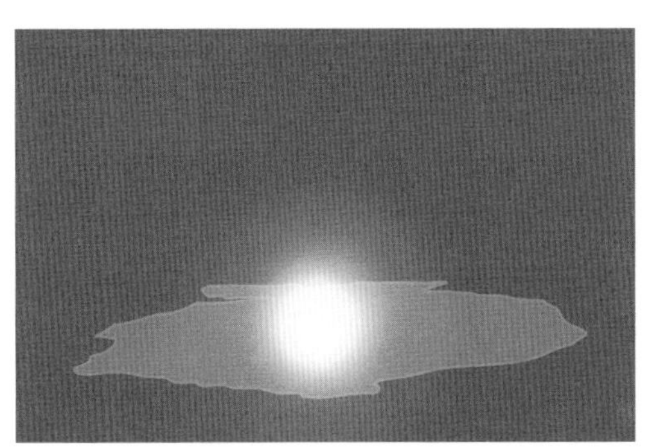

箱子亮得刺眼，由於極度的高熱，你得離箱子幾百公尺遠才行。箱子置身於一灘愈來愈多的熔岩中間。50 到 100 公尺範圍內的一切，瞬間燃起熊熊大火。一團熱氣竄升到高空。箱子底下不時發生氣爆，把箱子噴飛到空中，箱子降落的地方又起火燃燒，再形成新的一灘熔岩。

我們再繼續轉動刻度盤吧。

轉到 18.7 吉瓦時，箱子周圍的情況，簡直就像是太空梭發射升空期間的發射臺。由於本身造成的強勁上升氣流，箱子開始上下左右顛簸不已。

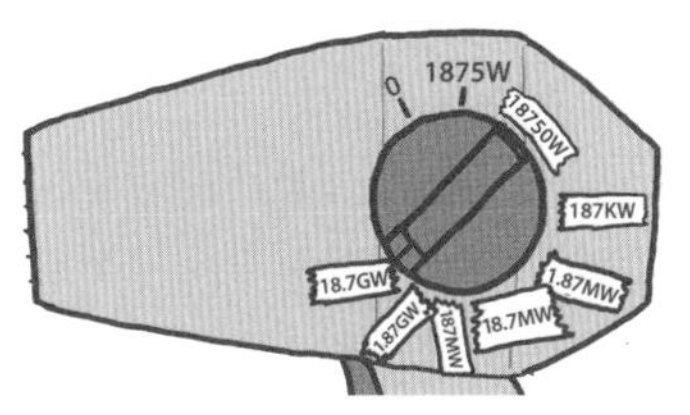

❷ 切記：如果你跟我一起受困在燃燒的建築物裡，而我提出建議該怎麼逃離現場的話，你最好還是不要理我。

❸ 譯注：1 吉瓦 =10^9 瓦。

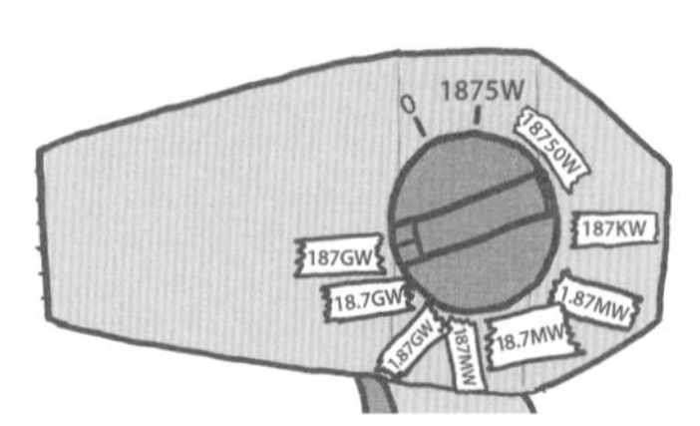

1914年，威爾斯（H.G. Wells）在他的《獲得自由的世界》（*The World Set Free*）書中，曾想像過類似的裝置。威爾斯寫到某種炸彈，這種炸彈不只爆炸一次，而是不停的爆炸，像一座慢火焚燒的煉獄，在城市的核心地帶引燃無法撲滅的大火。這個故事離奇的預言了三十年後的核武發展。

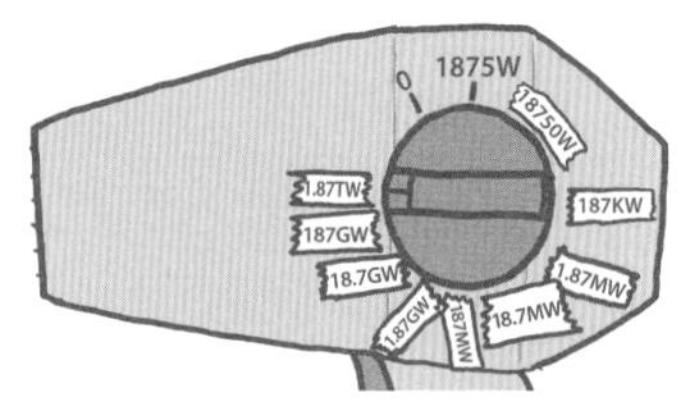

現在箱子正在天上到處竄飛。每次箱子一接近地面，就會使地面過熱，不斷膨脹的空氣團又把箱子甩回天空。

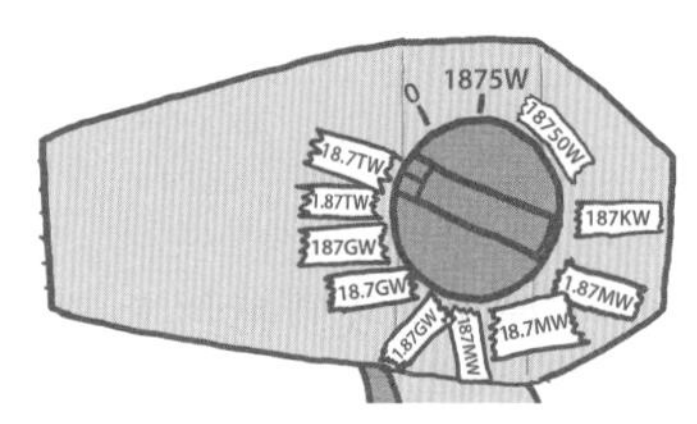

1.875兆瓦的功率輸出，就像每秒鐘都在引爆堆滿一屋子的TNT炸藥。

一連串的風暴性大火（劇烈的大火，藉由本身產生的風力系統以維持燃燒）在地面上到處肆虐。

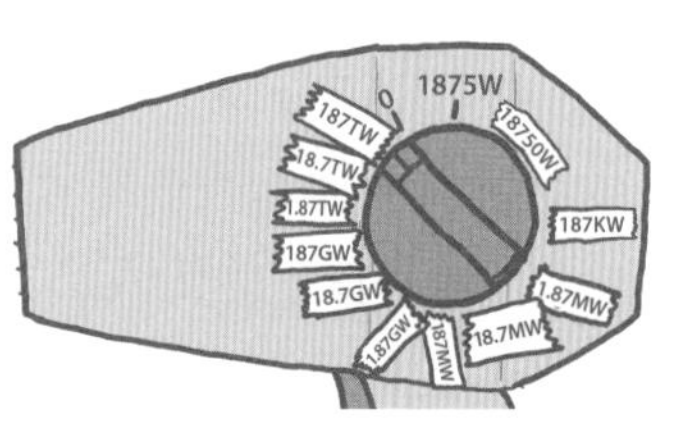

這是新的里程碑：太不可思議了，吹風機目前正在消耗的功率，比地球上所有電器設備加起來還要大。

那個在高空不斷竄飛的箱子釋放出來的能量，相當於每秒鐘進行三次三一角原子彈試爆。

這時候，情勢顯而易見——這玩意兒將在大氣中到處亂蹦亂跳，直到把地球毀滅為止。

我們來玩玩不同的東西吧。

當箱子經過加拿大北部上空時，我們把刻度一下子轉到 0。迅速冷卻的箱子筆直墜回地球，隨著一縷蒸氣降落在大熊湖。

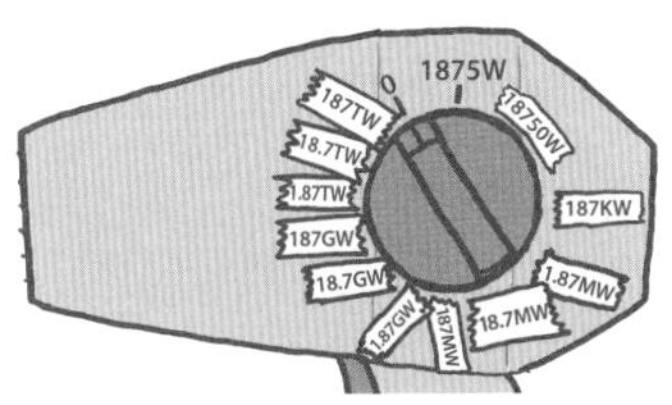

然後呢……

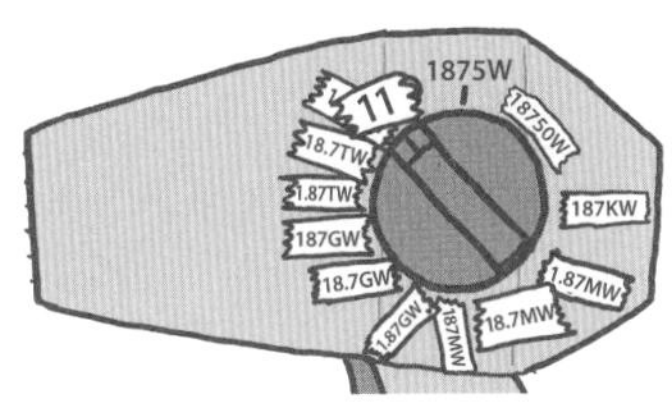

這次，我們轉到 11 霹瓦（11×10^{15} 瓦）。

講個小故事：

根據官方紀錄，最快的人造物體是太陽神二號（Helios 2）探測器，太陽神二號曾在近距離環繞太陽時，達到約 70 公里／秒的速率。但是真正的紀錄保持者，很可能是一個 2 噸重的金屬人孔蓋。

這個人孔蓋坐落在地下核試場的通風井上，屬於在羅沙拉摩斯國家實驗室運作的「鉛錘行動」（Operation Plumbbob）的一部分。當 1 千噸的核武器在地底下引爆時，這裝置簡直變成了馬鈴薯核子砲彈，巨大的威力使蓋子暴衝上天。在蓋子消失之前，對準蓋子的高速攝影機只捕捉到它正在往上移動的一格畫面，也就是說，蓋子的運動速率至少是 66 公里／秒。這個蓋子從此再也找不到了。

66 公里／秒的速度大約是脫離速度的六倍，不過，與一般的猜測相反，蓋子不太可能到達太空。按照牛頓的衝擊深度（impact depth）近似值來推論，蓋子要不是猛烈撞擊空氣而徹底摧毀，就是減速後掉回地球。

當我們再度打開吹風機時，重新啟動的吹風機箱子迅速從湖水中一飛沖天，經歷的過程和那個蓋子的遭遇很類似。箱子底下的受熱蒸氣向外膨脹，隨著箱子升空，整個湖面統統化為蒸氣。蒸氣遭巨量的輻射加熱成電漿，進而使箱子加速、愈飛愈快。

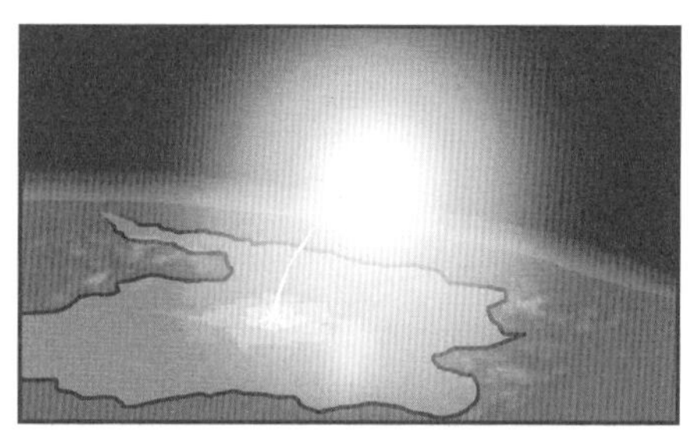

感謝哈德菲爾德[4]指揮官提供照片

不過，箱子並不像那個人孔蓋一樣衝入大氣層，而是飛越一團幾乎沒有阻力的膨脹電漿。箱子脫離大氣層漸飛漸遠，光芒從耀眼的「第二個太陽」逐漸黯淡成微亮的星星。加拿大西北地區幾乎完全陷入火海，但地球算是逃過一劫。

不過，有幾個人倒是寧願沒有逃過一劫……

❹ 譯注：哈德菲爾德（Commander Hadfield）為第一位在太空漫步的加拿大籍太空人。

「What If ？」收件匣收到的，稀奇古怪（且令人憂心）的問題，#2

Q. 如果把反物質丟進正在熔化的車諾比反應器裡，這樣會不會阻止反應器熔化？

—— AJ

Q. 人如果哭得太厲害，有沒有可能哭到脫水？

—— 卡爾．韋德穆斯（Karl Wildermuth）

最後的人造光

Q. 如果所有人都莫名其妙從地表上消失了，請問要過多久，最後的人造光源才會熄滅？

—— 阿倫（Alan）

A.「最後的光」這頭銜，會有很多競爭者來角逐。

韋斯曼（Alan Weisman）在 2007 年寫了一本超棒的書，書名叫做《沒有我們的世界》，書中詳細探究：如果人類突然消失，地球上的房子、道路、摩天大樓、農場及動物會發生什麼事。2008 年的電視劇集「人類消失後的世界」（*Life After People*）也探討過同樣的假設。不過，他們都不曾解答這個特定的問題。

我們先從顯而易見的部分開始說起：大多數的燈光無法維持很久，因為主要的電力網很快就會陣亡。全世界的電力絕大部分是由化石燃料發電廠供應的，這些電廠需要穩定的燃料供應，而燃料的供應鏈牽涉到人的決策。

2017 年 8 月 4 日，天網[1]正式上線，並且負責我們發電廠的燃料採購決策。

8 月 29 日，天網擁有了自我意識，並決定要毀滅人類。

幸運的是，天網的能耐只是「拒絕購買燃料」而已。

最後，有人把天網關掉了。

沒有了人類，電力的需求變少，但我們的空調系統仍一直在運轉。燃煤、燃油電廠會在最初幾個小時內開始紛紛停機，此時需要其他電廠來頂替。即使有人指揮坐鎮，也很難應付這種狀況。結果很快就會產生一系列的連鎖故障，導致主要的電力網全部停電。

不過，許多電力的供應源並沒有連到主要電力網。我們來看看其中幾種供電源，以及每一種供電源什麼時候會停機。

柴油發電機

許多偏遠社區的電力來自柴油發電機，例如位於邊陲島嶼上的社區。這些發電機會持續運轉，直到燃料耗盡為止，在大多數情況下，運轉時間從幾天到幾個月都有可能。

❶ 譯注：電影「魔鬼終結者」中的人工智慧系統。

地熱發電廠

不需人力供應燃料補給的發電站，情況會好一點。地熱發電廠利用地球內部的熱來發電，沒人管理也可以再運轉一段時間。

根據冰島史瓦特森吉島（Svartsengi Island）地熱發電廠的維護手冊，操作人員必須每六個月更換齒輪箱機油，並重新潤滑所有的電動馬達與聯軸器。如果沒有人來執行這些維護程序，有些電廠或許還能運轉幾年，但終究逃不過鏽蝕的命運。

風力發電

風力發電廠的情況會好一點。發電風車的設計原則，就是為了不需要經常維護。原因很簡單，因為發電風車實在太多座了，爬上去可是件苦差事。

有些沒人管的發電風車可以運轉很長一段時間。丹麥蓋瑟的發電風車架設於1950年代晚期，在沒人維護的情況下，發電長達十一年。新型的發電風車基本上應可運轉30,000小時（三年）不用維護，有些風車無疑可運轉數十年之久。在其中一部發電風車上的某個部分，肯定會有至少一顆LED狀態顯示燈。

到最後，風車停擺的原因大多跟地熱發電廠停止運轉的原因相同：發電風車的齒輪箱會卡住。

水壩水力發電

利用水的落差轉換成電力的發電機，可以持續運轉相當長的時間。歷史頻道節目「人類消失後的世界」曾訪問胡佛水壩的操作員，操作員說，如果大家都不見了，水壩設施會以自動操作模式持續運轉好幾年。最後水壩可能會因為進水口堵塞或機器故障而失靈，這個故障原因與發電風車及地熱發電廠大同小異。

電池

以電池供電的燈將在一、二十年內全數熄滅。電池即使沒有接到任何裝置上，也會逐漸自放電。有些類型的電池撐得比較久，但即使是廣告標榜具有長時間儲存壽命的電池，最多也只能保有電荷一、二十年。

不過也有幾個例外。牛津大學的克拉侖敦圖書館有一座電池供電的鐘，自 1840 年以來一直都還會響。鐘聲「響」得很小聲，幾乎聽不見，鐘槌的每個動作都只用到極少量的電。沒有人確切知道，這座鐘用的是什麼樣的電池，因為沒有人願意把鐘拆開來一探究竟。

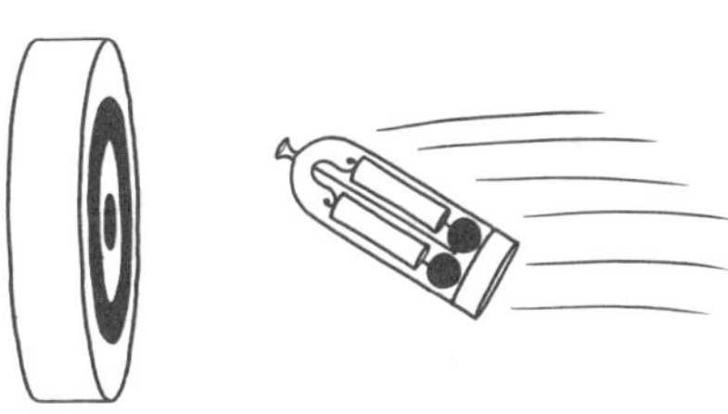

歐洲粒子物理研究中心（CERN）物理學家研究「牛津鐘」

可惜，鐘上面沒有裝燈。

核反應器

核反應器有一點複雜。如果核反應器設定在低功率模式，幾乎可以天長地久一直運轉下去；核反應器燃料的能量密度，就是高到那種地步。正如某網路漫畫所畫的：

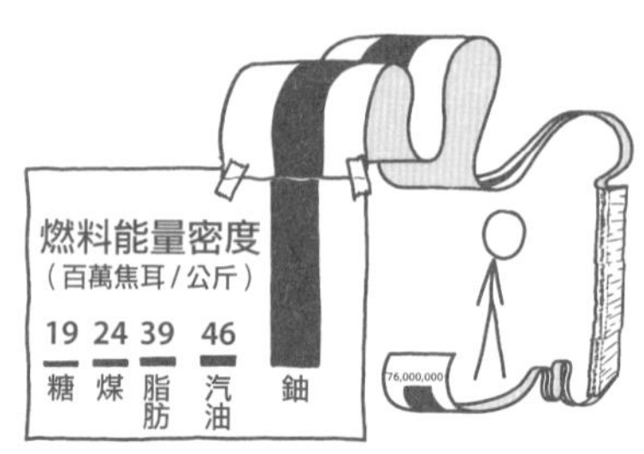

不幸的是，反應器雖然有足夠的燃料，卻無法持續運行太久。一旦有狀況，反應器核心便會自動停機。這種事情很快就會發生；引起停機的原因很多，但最有可能的罪魁禍首，應該是外部電源斷電。

這看起來好像很奇怪，發電廠竟然需要外部電源才能運轉，但核反應器控制系統的各個部分，都是設計成一故障就迅速停機，也就是「急停」（SCRAM）[2]。外部電源斷電時，不管是因為外部的發電廠停機，或是現場的備用發電機燃料耗盡，反應器都會急停。

太空探測器

在所有人造製品中，我們的太空船可能是最持久的。有些太空船可以持續運行幾百萬年，不過太空船的電力基本上無法維持那麼久。

不出幾百年，火星上的火星車將遭塵埃掩埋。在那之前，很多人造衛星早已因為軌道衰減而墜回地球。遙遠軌道上的 GPS 衛星將可維持久一點，但假以時日，連最穩定的軌道也將受月球及太陽的干擾。

有些太空船利用太陽能電池板來供電，有些則是利用放射性衰變來供電。舉例來說，好奇者號火星車就是利用鈽元素的熱來供電，而整塊鈽元素就放置於火星車某根棒子頂端的容器裡。

好奇者號可持續使用放射性同位素發電機電力超過一百年。最後，電壓將降低到無法維持火星車的運轉，但在這之前，其餘零件大概也都磨損了。

如此看來，好奇者號很有希望奪魁。但是有一個問題：好奇者號沒有燈。

其實好奇者號有燈，用來照亮樣本並進行光譜分析。然而，這些燈僅在進行測量時才會打開。一定要有人下指令，否則沒有理由開燈。

除非有載人，要不然太空船不需要很多燈。伽利略號探測器於 1990 年代探測木星，它的飛行數據紀錄器的機械設備裡，裝了幾個 LED 燈。由於這些燈發出的是紅外光，不是可見光，所以稱為「燈」有點牽強——不管是什麼光，伽利略號已於 2003 年故意墜毀在木星上了[3]。

其他的衛星上也有 LED 燈。例如，有些 GPS 衛星利用紫外線 LED 燈來控制某些儀器的電荷積累，這些燈就是以太陽能電池板來供電的；理論上，太陽照耀多久，電池板就可以維持多久。不幸的

---

❷ 費米（Enrico Fermi）在建造首座核反應器時，曾用繩子把控制桿吊起來，綁在工作臺的圍欄上。萬一出了什麼狀況，就會有厲害的物理學家駐守圍欄旁，手上拿著斧頭。所以有人就說，SCARM 代表「Safety Control Rod Axe Man」，意即「拿著斧頭監視安全控制桿的人」。

❸ 墜毀的目的，是為了安全的燒毀探測器，以免探測器上的地球細菌不小心汙染附近的衛星，例如有水的木衛二衛星。

是，大部分太陽能電池板根本比好奇者號還短命，終將因為太空垃圾的撞擊而失靈。

但是，太陽能電池板並不只是用在太空而已。

太陽能發電

偏遠地區公路沿線常見的緊急呼叫箱，往往是利用太陽能來供電的。箱子上通常都有燈，提供每晚照明之用。

太陽能電池板和風力發電機一樣，很難維修，所以太陽能電池板都製造得很經久耐用。只要避免灰塵和碎屑，太陽能電池板通常都能與相連的電子設備共存亡。

太陽能電池板的導線與電路終究免不了遭腐蝕的下場，但位於乾燥地區的太陽能電池板，若有製造精良的電子零件，並避免風雨偶爾帶來的灰塵掉在無遮蔽的電池板上，應可輕鬆維持供電一百年。

如果我們對燈光採取嚴格的定義，可以想見，偏遠地區那些以太陽能供電的燈，就是最後倖存的人造光源[4]。

不過，還有另一個競爭者，而且是個怪咖。

契忍可夫輻射

放射性通常是看不見的。

從前的錶盤曾使用鐳元素當塗層，達成發光效果。然而，這種光並不是來自放射性本身，而是來自鐳上面的磷光塗料，當塗料受到輻射照射時，就會發光。這麼多年來，塗料早已失效，雖然錶盤仍具有放射性，卻不再發光了。

不過，錶盤並不是我們唯一的放射性光源。

當放射性粒子通過水或玻璃之類的物質時，可能會因為某種「光音爆」（optical sonic boom）而發光。這種光稱為契忍可夫輻射，在核反應器的核心看得到這種獨特的藍色光芒。

有些放射性廢棄物（例如銫-137）熔化後與玻璃混合，然後冷卻成固體塊，這樣就能包覆在較多層的防護屏蔽裡，以便安全的運輸與儲存。

在黑暗中，這些玻璃塊發出藍色的光輝。

銫-137 的半衰期為三十年，也就是說，兩個世紀之後，只剩原來 1%的放射性銫-137 還在發光。由於光的顏色僅取決於衰變能量，而不是輻射量，因此亮度將隨時間漸趨黯淡，但仍保持同樣的藍光。

至此我們得出答案：從今往後幾百年，在水泥貯庫深處，我們最毒的核廢料還在那裡閃閃發光。

❹ 前蘇聯曾建造好幾座利用放射性衰變來供電的燈塔，但目前都已停止運作。

機關槍噴射背包

Q. 拿著機關槍朝下發射，這樣子有可能製成「噴射背包」嗎？

——羅布．B（Rob B）

A. **我嚇了一大跳，答案竟然是有可能！**不過，想要真的做出來的話，最好還是去請教俄國人。

其中原理相當簡單。如果你朝前發射子彈，後座力會把你往後推。所以如果你朝下發射，後座力應該會把你往上推。

我們必須回答的第一個問題是：「槍能不能舉起本身的重量？」如果一把機關槍重5公斤，但發射時僅產生4公斤的後座力，這樣的槍根本無法舉起自己、讓自己離地，更不用說要把槍枝和人都舉起。

在工程界，飛機的推力與重量之間的比值，稱為**推力重量比**。如果比值小於1，飛行載具便無法升空。農神五號火箭的起飛推力重量比大約是1.5。

儘管我是在美國南方長大的，但我對槍械並不是很懂，為了回答這個問題，我特地聯絡住在德州的一位熟人，請他幫忙[1]。

請注意：拜託拜託，千萬不要在家嘗試！

原來，AK-47的推力重量比大約是2。這就表示，如果你讓槍以槍頭站著，再想辦法拉動扳機，一擊發，槍就會升空。

並非所有的機關槍都是如此。舉例來說，M60 可能產生不了足夠的後座力，好讓自己升空離地。

火箭（或發射中的機關槍）產生的推力大小，取決於：（1）在它身後要拋出的質量有多少；（2）拋出的速率有多快。推力就是這兩個數值的乘積：

農神五號火箭　卡拉希尼柯夫 XLVII（AK-47）

推力 = 質量拋射率 × 拋射速率

如果 AK-47 機關槍每秒發射 10 顆 8 克重的子彈，子彈速率為每秒 715 公尺，則推力為：

10 子彈 / 秒 × 8 克 / 子彈 × 715 公尺 / 秒 ≈ 57.2 牛頓（約等於 58 公斤力）

由於裝了子彈的 AK-47 僅重 4.7 公斤，所以應該飛得起來，並且向上加速。

實際上，槍真正的推力竟然再高出多達 30%左右。原因在於，槍吐出來的不只是子彈而已——槍也會吐出熱氣和爆炸碎片。額外多出的推力大小，則會因槍與子彈而異。

❶ 根據朋友堆在家裡、準備幫我秤重的彈藥量來判斷，德州顯然已經變成「衝鋒飛車隊式」之類的後世界末日戰區。（譯注：「衝鋒飛車隊」是 1979 年的電影，描述世界經濟秩序崩潰後，暴力橫行的血腥景像。）

整體的效率也取決於：你是把彈殼拋出載具、或是一路搭載彈殼。為了計算答案，我問我的德州朋友能否幫我秤重一些彈殼。朋友找來找去，怎麼也找不到磅秤，我很好心的建議：既然家裡的彈藥庫規模這麼大，只要去找其他有磅秤的人，不就好了嗎？[2]

說了半天，這一切對我們的噴射背包意義何在？

嗯，AK-47 本身飛得起來，但沒有足夠的多餘推力，充其量也只能再舉起一隻松鼠而已。

我們可以拿很多把槍來試試看。如果兩把槍朝地面發射，便產生兩倍的推力。如果每把槍能舉起槍本身的重量、再外加 2 公斤，兩把槍就能舉起 4 公斤。

說到這裡，我們該怎麼辦已經很明顯了：

你要上太空，還早得很呢。

如果我們增加足夠的步槍，乘客的重量就變得無關緊要；乘客的重量分散在這麼多把槍上，以致於每把槍幾乎沒什麼負擔。隨著步槍的數量增加，這個很炫的「怪怪飛行器」等於是很多個別步槍同時在飛行，因此「怪怪飛行器」的推力重量比，趨近於「單獨一把無負重步槍」的推力重量比：

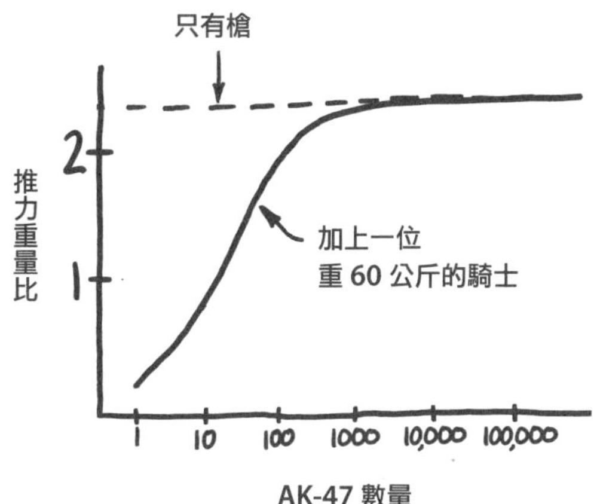

但是有一個問題：彈藥。

AK-47 的彈匣有 30 發子彈。若每秒發射 10 發，也不過加速區區 3 秒而已。

我們可以拿更大的彈匣來改善這一點，但只能改善到某個程度。結果證明，攜帶超過約 250 發彈藥並沒有什麼好處，這是火箭科學的基本問題，也是核心問題：燃料會讓你變重。

每顆彈頭重 8 克，彈藥（彈頭連炸藥）重 16 克以上。如果裝填彈藥超過 250 發左右，AK-47 就會變得太重，根本飛不起來。

這就表示，我們的最佳飛行器是以大量的 AK-47（最小值是 25 把，但理想上至少 300 把）組成的，每把 AK-47 各攜帶 250 發彈藥。這種飛行器中最大型的，可以向上加速達到垂直速率將近每秒 100 公尺，爬升到空中超過 0.5 公里。

---

❷ 理想上，最好是找那些家裡彈藥比較少的人。

因此，我們已經回答了羅布的問題。只要有足夠的機關槍，你就可以飛了。

但是我們的 AK-47 裝置顯然不是實用的噴射背包。我們還能再加強嗎？

我的德州朋友建議了一系列的機關槍，每一種我都把相關數字算過一遍。有些很不錯；例如重一點的 MG-42，「推力重量比」稍微高過 AK-47 一點點。

要玩就玩更大的。

GAU-8 復仇者機炮每秒鐘發射多達 60 發 1 磅重的彈頭，產生的後座力將近 5 噸重。想想實在很誇張，GAU-8 裝在 A-10 雷霆二式攻擊機上，這種飛機有兩具引擎，而每具引擎只產生 4 噸重的推力。如果一架飛機上放兩座 GAU-8，飛機一邊放開油門、兩座 GAU-8 一邊朝前方發射，結果 GAU-8 的推力會比引擎還強，飛機變成了逆向加速。

用另一種方式來解釋：如果我在車上裝一座 GAU-8，把車打到空檔，然後由靜止不動開始朝後方發射，不用 3 秒鐘，我的車速就會超過州際公路的速限。

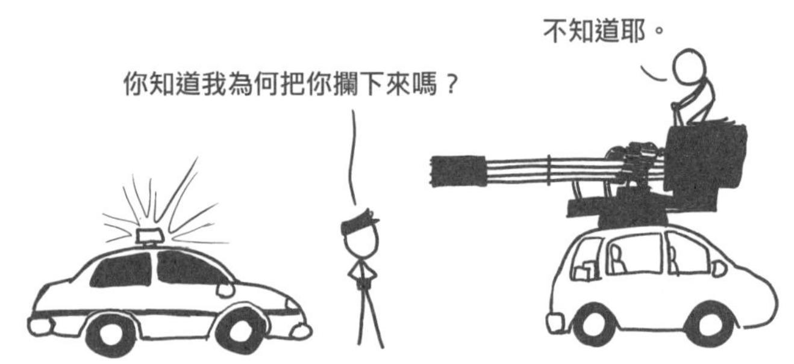

「其實我想不通的是：你是如何把我攔下來的？」

這麼厲害的機砲，應該可以拿來當火箭背包引擎了，但俄國人建造的機砲比 GAU-8 更厲害。GSh-6-30 加特林機砲，重量只有 GAU-8 的一半，而且發射率更高，推力重量比將近 40，意思就是，如果你拿一座 GSh-6-30 朝地面發射，它不僅會在一團迅速膨脹的致命金屬碎片中起飛，你還會受到 40 個 g 的加速。

這太太太超過了。事實上，就算把這種機砲牢牢裝在飛機上，加速也會造成問題：

> **後座力……還是很容易對飛機造成損害。發射率減到一分鐘 4,000 發還是沒什麼幫助。每次發射完，跑道燈幾乎都會破掉……一次連續發射約 30 發以上，等於是給自己找過熱的麻煩……**
>
> —— airvectors.net 版主，格雷格 · 格貝爾（Greg Goebel）

不過，如果你想辦法把「飛天騎士」綁得結結實實、把飛行器建造得夠堅固耐操耐加速、把 GSh-6-30 用空氣動力外罩包起來，再確保可以適當的冷卻……

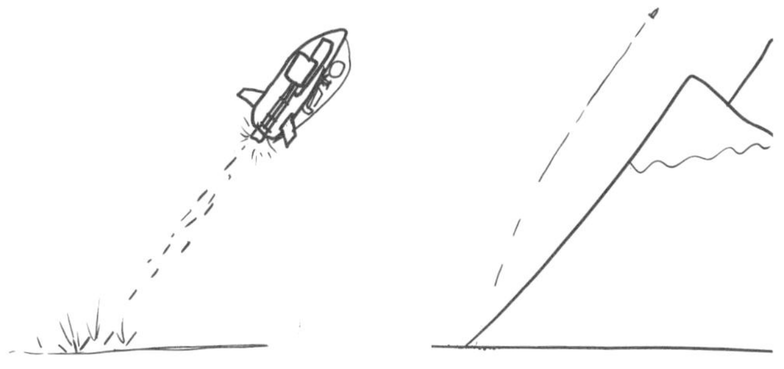

……你這一跳，可就比山還高了。

等速平穩升空

Q. 如果你突然以每秒 30 公分的速率開始平穩升空，最後你到底會怎麼死？你會先結冰還是先窒息？或是有別種死法？

—— 瑞貝卡‧B（Rebecca B）

A. **你有帶外套嗎？**

每秒上升 30 公分並不算太快，基本上比一般的電梯升降機還要慢。你需要 5 到 7 秒才能上升到別人手臂搆不到的高度，這還要看你朋友長得有多高。

過了 30 秒，你會離地 9 公尺。如果你先去看第 202 頁〈可以扔多高〉那個題目，你就會學到，這是你朋友扔三明治或水壺給你的最後機會[1]。

過了 1 到 2 分鐘，你會比樹木還高。大多數情況下，此時差不多還是像在地面上一樣舒服。如果是有風的日子，由於林線以上的風較穩定[2]，天氣可能會變得比較涼。

10 分鐘後，除了最高的摩天大樓外，你會比其他所有建築物都高；25 分鐘後，你會通過帝國大廈的尖頂。

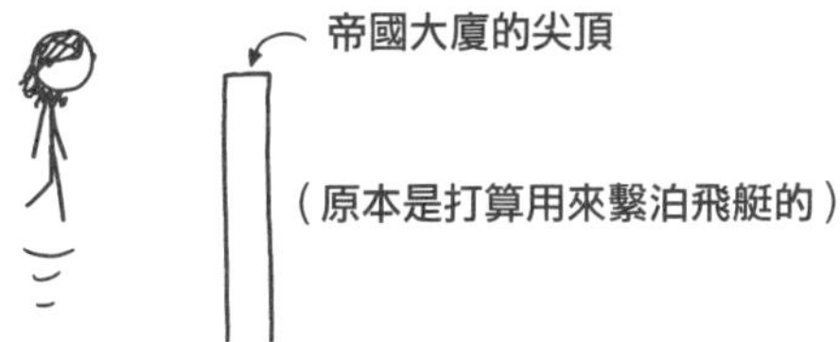

在此高度的空氣，大約比地面稀薄 3%。幸運的是，你的身體一直都能對氣壓變化應付自如。你的耳朵可能會脹痛，但除此之外，你其實沒什麼感覺。

氣壓隨高度變化得很快。令人驚訝的是，當你站在地面上，你身高這 1、2 公尺間的氣壓變化竟然還挺明顯的。如果你的手機附有氣壓計（很多新型手機都有），只要下載相關的應用程式，就可以看到你的頭和腳之間的氣壓差。

❶ 有了這些東西，你還是活不成，不過有總比沒有好……

❷ 以這個答案來說，我會假設大氣溫度分布是典型的情況。當然啦，大氣的溫度分布可能會有相當大的變化。

每秒 30 公分的速度很接近時速 1 公里，所以 1 小時後，你會離地面大約 1 公里。這時你一定會開始覺得冷。如果你有外套，那就還好，不過你還是會覺得風愈來愈強。

2 小時後，也就在是 2 公里高之處，溫度會降到接近冰點，風很有可能也會更強。如果你有任何皮膚裸露在外，現在你就得開始擔心凍傷了。

這時候氣壓會降低，比你在客機機艙內感受到的氣壓還低[3]，而且效果會開始變得更顯著。然而，除非你的外套很暖和，否則溫度的問題恐怕更嚴重。

接下來的 2 個小時，氣溫會降到 0 度以下[4,5]。假設你一時半刻尚未因缺氧而死，某時某刻你也會因體溫過低而死。但究竟是哪時哪刻呢？

研究「凍死」的學術權威，看來應該是加拿大人（這沒什麼好大驚小怪）。人類在低溫下生存的相關研究，最廣泛使用的模式，正是由加拿大安大略省「國防與民用環境醫學研究所」的提奎希斯（Peter Tikuisis）及弗林姆（John Frim）發展出來的。

根據這個模式，導致死亡的主要因素竟然是你的衣服。如果你什麼都沒穿，差不多只要 5 小時，在你缺氧之前就會因為體溫過低而死[6]。如果你包得緊緊的，也許會凍傷，但還有可能活下去……

……直到抵達**死區**。

到了 8,000 公尺以上（超過最高山峰以外的所有山頂），空氣中的氧氣含量太低，低到無法維持人的生命。在這個區域附近，你會經歷一系列的症狀，例如意識模糊、頭暈、動作遲緩、視力障礙以及噁心想吐等等。

當你靠近「死區」時，你的血氧含量會直直落。你的靜脈應該要把低氧血送回肺，重新注入氧氣。但是在「死區」，空氣中的氧氣太少，你的靜脈反而把氧氣流失至空氣中，而不是獲得氧氣。

結果你很快就會失去知覺，一命嗚呼。這大概會發生在第 7 個小時左右；你撐得到第 8 小時的機會非常渺茫。

她的死法正如她的活法——每秒上升 30 公分。我的意思是，正如她臨終之前的活法。

二百萬年後，你那結冰的身體（還在以每秒 30 公分的速率平穩移動），將會穿越太陽風層頂（heliopause），進入星際空間。

發現冥王星的天文學家湯博（Clyde Tombaugh），於 1997 年去世。新視野號太空飛行器裝載了他的部分骨灰，這些骨灰將會飛越冥王星，然後繼續遠離太陽系。

沒錯，你那「每秒上升 30 公尺的假想之旅」會很冷、很不舒服，而且很快就會沒命。但是四十億年後，當太陽變成紅巨星，吞噬了地球，你和湯博就會成為「唯二」逃脫的人。

所以，就是這樣了。

❸ ……客艙基本上維持加壓至海平面氣壓的 70% 到 80% 左右，這是根據我的手機氣壓計判斷出來的。

❹ 攝氏、華氏都是 0 度以下。

❺ 可不是「絕對溫度」。

❻ 坦白說，這種「什麼都沒穿」的情境，惹出的問題還不僅於此。

「What If ？」收件匣收到的，稀奇古怪（且令人憂心）的問題，#3

Q. 以人類現有的知識與能力，
是否有可能創造新的星星？

——J 傑夫．高登（Jeff Gordon）

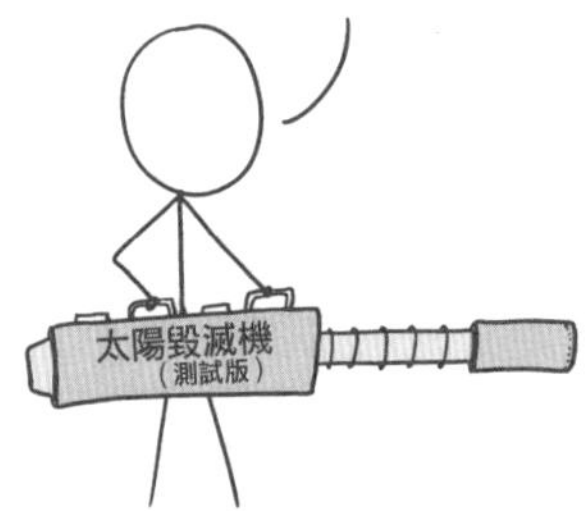

Q. 若想集結一支「猩猩軍團」，
會碰到什麼樣的後勤異常現象？

——凱文（Kevin）

Q. 如果人身上有輪子而且會飛，
那人和飛機有什麼區別？

——無名氏

太空軌道潛艇

Q. 核動力潛艇可以在太空運行軌道上維持多久？

——傑森．拉斯貝瑞（Jason Lathbury）

A. 潛艇會沒事，但機組人員會有麻煩。

潛艇不會爆裂。潛艇的殼體夠堅固，可以承受水的外壓達50至80個大氣壓，所以保持1大氣壓的空氣內壓，並不會有什麼問題。

潛艇殼體很可能是氣密的。雖說不透水的密封不一定封得住空氣，但既然殼體在水中承受50個大氣壓還能保持滴水不入，可見空氣應該不會很快就逸出。有些專用的單向閥或許可以排出空氣，但潛艇極有可能保持密閉。

不用想也知道，組員面臨的最大問題正是：空氣。

核動力潛艇利用電力從水中分離出氧氣。太空中沒有水[誰說的？]所以無法製造更多的空氣。潛艇攜帶的氧氣儲備足夠機組人員生存幾天，但終究還是會有問題。

為了保暖，組員可以啟動潛艇的核反應器來運轉，但到底要運轉到多大程度，必須非常謹慎——因為海洋比太空還要冷。

嚴格來說，這並不完全是事實。大家都知道太空非常冷。太空船之所以過熱，是因為太空的熱傳導不如水的熱傳導，所以太空船上的熱量累積，比船上的熱量累積迅速。

但如果你更講究細節的話，事實真的是——海洋比太空更冷。

星際空間非常冷，但太陽附近（及地球附近）的太空，事實上熱得不得了！太空看起來不熱，是因為在太空中，「溫度」的定義出了一點問題。太空看起來很冷，是因為「太空」，太「空」了。

「溫度」是「一群粒子的平均動能」的度量。在太空中，個別分子具有很高的平均動能，但是分子數量太少，以致於分子的溫度再高也沒用。

小時候，我爸爸在我們家地下室有個機器修理間，我還記得看過他使用金屬磨輪機。每當金屬一接觸到磨輪，火花便四處飛濺，落在他的手和衣服上。我不明白，為什麼火花傷不了他——畢竟，閃耀的火花高達好幾千度呢。

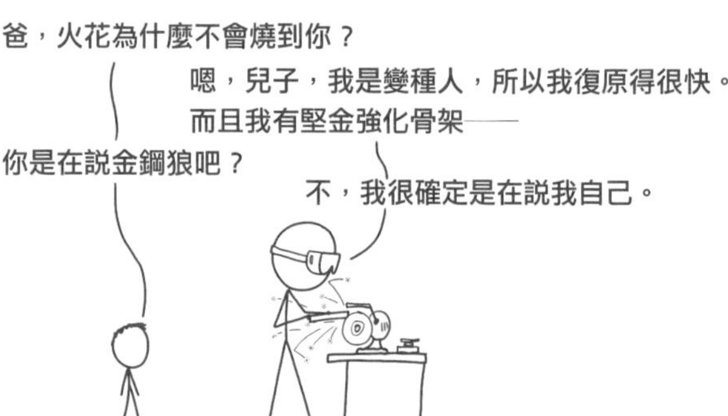

後來我才知道，火花傷不了他，是因為火花很小很小，火花帶有的熱量由身體吸收，只會讓很小一片皮膚變熱而已。

太空中的高熱分子，就像是我爸爸機器修理間的那些火花；火花可能很熱、也可能很冷，但實在太小了，以致於觸摸火花，並不會使你的溫度改變太多[1]。你的加熱及冷卻，反而主要是由「你產生多少熱」以及「熱從你身上散失至空間有多快」來決定的。

若周圍沒有溫暖的環境可以把熱輻射回你的身上，你就會透過輻射而喪失熱，而且速度比平常還快很多。但是，若周圍沒有空氣可以把你身體表面的熱帶走，你藉由對流[2]喪失的熱也不多。對於大部分的載人太空船來說，散熱作用比較重要——保持溫暖不是大問題，保持涼快才是大問題。

核動力潛艇殼體外層的溫度，會因海水而冷卻至4℃，但它顯然有能力維持潛艇內部的溫度在適合人類生存的範圍。然而，如果潛艇殼體在太空中需要維持4℃的話，當潛艇位於地球的陰影區時，熱的喪失速率大約是6百萬瓦。喪失的熱大於組員體溫提供的20千瓦，以及陽光直射下的數百千瓦「冬陽熱」（apricity）[3]，所以組員啟動核反應器，就只是為了保暖而已[4]。

若想離開軌道，潛艇需要減速，減到足以下降碰到大氣層才行。沒有火箭的話，這根本就辦不到。

等等，你說「沒有火箭」是什麼意思？

---

❶ 這就是為什麼即使火柴和火炬的溫度差不多高，但你只看過電影裡的狠角色用手擰熄火柴，卻從來沒看過他們擰熄火炬。

❷ 或是傳導。

❸ apricity 是我最喜歡的英文單字，意思是「冬天陽光的溫暖」。

❹ 當潛艇進入太陽照射區時，潛艇的表面會變熱，但喪失熱仍比獲得熱還要快。

好啦——嚴格來說，潛艇確實有火箭。

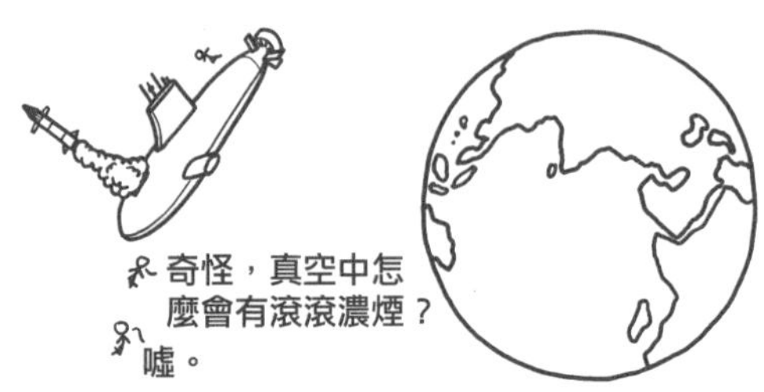

不幸的是，火箭都朝向錯誤的方向，無法推動潛艇。火箭是自推進式的，這表示火箭的後座力很小。當槍發射子彈時，槍是在推動子彈加速。至於火箭呢，你只要點火、放掉就好了。發射飛彈並不會推動潛艇前進。

但是，不發射飛彈倒是可以。

如果把現代核動力潛艇攜帶的彈道飛彈從發射筒取出，轉個身，再以反方向裝進發射筒，每枚飛彈可使潛艇速率改變大約 4 公尺／秒。

典型的離軌操作，需要大約 100 公尺／秒的 Δv（速率變化），也就是說，俄亥俄級潛艇攜帶的 24 枚三叉戟飛彈，剛好可以讓潛艇脫離軌道。

這下子，由於潛艇沒有散熱燒蝕瓷磚，而且在超高音速狀態下並非空氣動力穩定，所以潛艇免不了會在空中翻滾、解體。

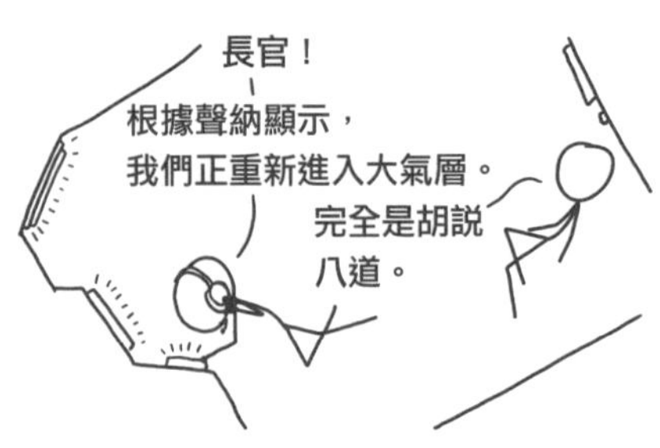

如果你把自己塞進潛艇裡適當的縫隙，並且牢牢綁在加速椅上，你有極小極小極小的機會，可能在急速的減速過程中大難不死。然後，你還得在潛艇殘骸撞擊地面之前，及時穿著降落傘跳出來。

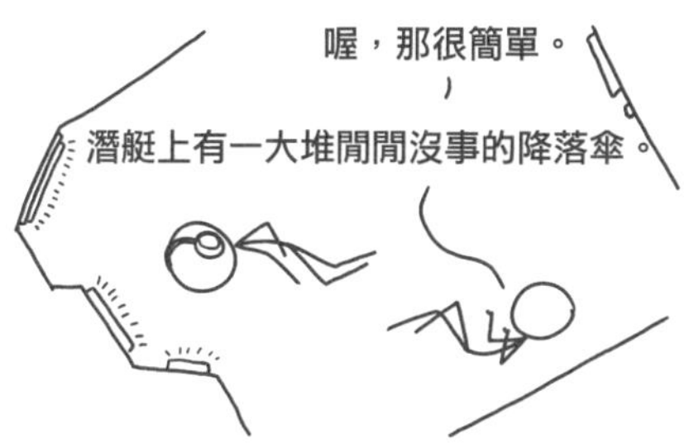

如果你想試試看（我覺得最好還是不要），我有個絕對要緊的忠告：

記得要解除飛彈上的引爆裝置喔。

簡答題

Q．如果我的印表機真的可以印出鈔票，對世界會有很大的影響嗎？

——德瑞克．歐布萊恩（Derek O'brien）

A．1 張 8.5" × 11"（信紙規格）的紙，可以印出 4 張百元美鈔。

如果你的印表機有辦法每分鐘列印 1 張，包含正反面的全彩高畫質百元美鈔，一年就能印出 2 億美元。

這足以讓你變成大富翁，但對世界經濟來說，根本是九牛一毛，不足以造成任何損害。由於流通的百元美鈔有 78 億張[1]，而 1 張百元美鈔的壽命約為 90 個月，表示每年產生的百元美鈔大約有 10 億張。相形之下，你那多出來的一年 200 萬張美鈔，根本不算什麼。

Q．如果在颶風（颱風）眼裡引爆核彈，會發生什麼事？風暴中心會立刻蒸發嗎？

——卡魯珀特・班布瑞吉（Rupert Bainbridge）及其餘數百人

A．這個問題有很多人問過。

美國國家海洋暨大氣總署（NOAA，管轄美國國家颶風中心的機構）也被問過很多次。事實上，大家老是問這個問題，他們乾脆公布一篇回應。

我建議你去閱讀那整篇回應[3]，不過，我認為第一段的最後一句說明了一切：

> **「不用說，這不是一個好主意。」**

美國政府的某個部門，竟然以某種官方身分，針對「朝著颶風發射核彈」這個主題發表意見，這實在讓我開心極了。

Q．如果大家都在住宅及公司的屋頂排水管上，安裝小型渦輪發電機，這樣可以產生多少功率？產生的功率夠不夠抵消發電機的成本？

——達米安（Damien）

---

❶ 譯注：根據美國聯邦準備委員會 2011 年資料。

❷ 譯注：「吉屋出租」（*Rent*）為著名的美國搖滾音樂劇。

❸ 請搜尋藍德西（Chris Landsea）撰寫的〈我們為什麼不利用核武器來摧毀熱帶氣旋？〉（Why don't we try to destroy tropical cyclones by nuking them?）。

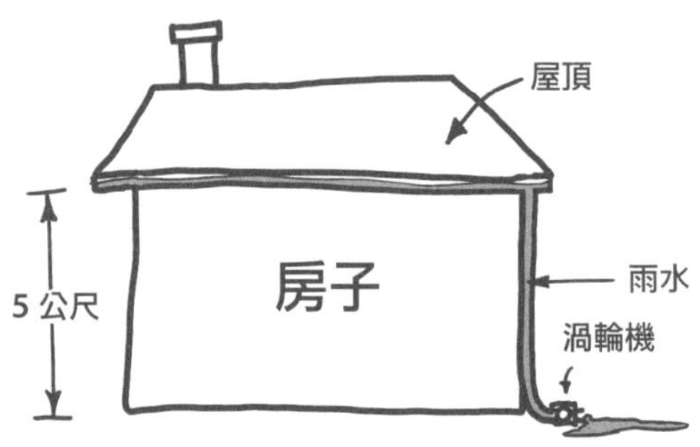

A．房子如果位在多雨的地區（例如美國阿拉斯加州的狹長地帶），每年收集到的雨水差不多是 4 公尺。水渦輪機的效率其實還不錯。如果房子占地 140 平方公尺（約 42 坪），屋簷排水槽離地面 5 公尺，則降雨產生的平均功率還不到 1 瓦，頂多可省下電費：

$$140\ \text{平方公尺} \times 4\ \text{公尺/年} \times 1\ \text{公斤/公升} \times 9.81\ \text{公尺}/s^2 \times 5\ \text{公尺} \times 15\ \text{美分/千瓦小時（度）} = 1.14\ \text{美元/年}$$

截至 2014 年為止，美國的時雨量最高紀錄，發生在 1947 年密蘇里州的霍特市（Holt），在 42 分鐘之內，降雨量高達 30 公分。以那 42 分鐘來說，我們的「假想房子」所產生的電力多達 800 瓦，應該足夠房子裡所有電器之用。至於其他時間呢？那就差得遠了。

如果發電機要花 100 美元，則住在美國最多雨地區（阿拉斯加州的克奇坎）的居民，有可能不到一百年就回本了。

Q．如果只用可拼讀的字母組合，發明獨一無二的單字來給宇宙中的每顆星星命名，那名稱該有多長？

——謝穆斯．強生（Seamus Johnson）

A．宇宙中大約有 300,000,000,000,000,000,000,000 顆星星。如果以母音和子音交替排列的方法，來發明可拼讀的單字（發明可拼讀的單字還有更好的方法，不過，用上面說的這種方法來估算就夠了），那每增加一對字母，就可以命名 105 倍的星星（21 個子音乘上 5 個母音）。由於數字也具有類似的資訊密度（每 2 個數字有 100 種可能性），這就表示，星星名稱的長度，差不多和星星總數的長度一樣長：

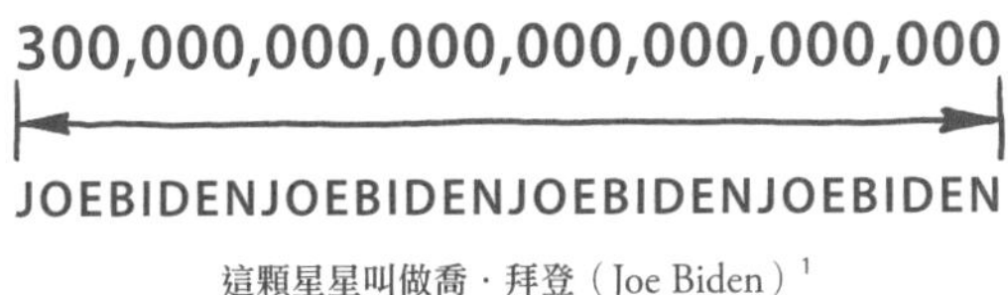

這顆星星叫做喬．拜登（Joe Biden）[1]

我喜歡做數學，喜歡做「把數字寫在紙上、看數字有多長」那種數學（這真的是簡單估計 $\log_{10}x$ 的方法）。這方法行得通，但總感覺不太對。

❶ 譯注：為美國現任副總統（歐巴馬第二任期的副總統）。

Q．我有時候會騎腳踏車上學。冬天騎腳踏車很討厭，因為太冷了。我要騎多快，才能像太空船重返大氣層變熱那樣，讓我的皮膚暖和起來呢？

——大衛・奈（David Nai）

A．重返大氣層的太空船變熱，是因為太空船不斷壓縮前方的空氣，一般人都以為是空氣摩擦使太空船變熱，但其實不是。

為了讓你前方的空氣層溫度升高 20℃（夠你從冰點增加到室溫了），你的騎車速率得達到每秒 200 公尺才行。

海平面高度最快的人力車，是包在流線型空氣動力外殼裡的躺式自行車。這些車的速率上限差不多是 40 公尺／秒——以這種速率，人產生的推力只夠勉強平衡空氣的阻力。

由於空氣阻力與速率平方成正比，這個速率上限根本很難突破。以 200 公尺／秒的速率騎腳踏車，所需要的功率輸出，至少是以 40 公尺／秒騎車的二十五倍。

在那樣的速率下，你其實用不著擔心空氣的加熱——隨便抓個信封在背面算一下就知道，如果你的身體做那麼多功，不用幾秒鐘，你的核心溫度就會達到致命的程度。

Q．網際網路占用的實體空間有多大？

——馬克斯・L（Max L）

A. 估算網際網路上的資訊儲存量有很多種方法，不過，只要看看我們（全人類）曾經購買的儲存空間有多少，就可以算出很有意思的數字上限。

資訊儲存業界每年大約生產 6 億 5 千萬個硬碟。如果其中大部分是 3.5 英寸硬碟，那就是每秒鐘生產 8 公升（2 加侖）的硬碟。

也就是說，過去幾年來的硬碟產量（由於硬碟的產量規模愈來愈大，幾乎可代表全球儲存容量），差不多只能填滿一艘油輪。所以，照這樣估算——網際網路還沒有一艘油輪大呢。

Q. 如果把 C4 塑膠炸彈綁在回力棒上會怎樣？這東西拿來當武器有用嗎？還是這就像聽起來的那樣蠢？

——查德．馬秋斯基（Chad Macziewski）

A. 撇開空氣動力學不談，我很好奇，如果這樣的高效能炸藥沒有命中目標，反而朝著你飛回來的話，你期望得到什麼樣的戰術優勢？

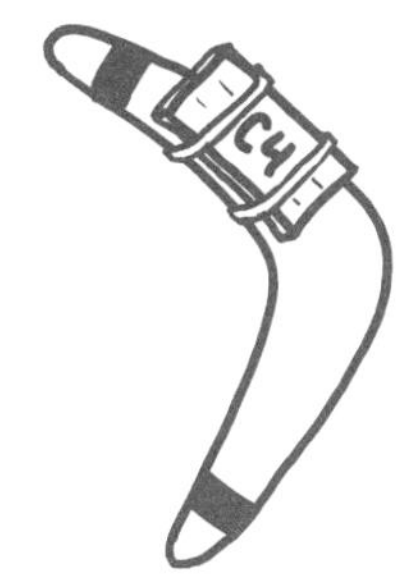

閃電

在深入探討之前，我想強調的是：**我不是閃電安全方面的專家**。

我是網際網路上的漫畫家。我喜歡看東西著火、爆炸，意思就是，我並沒有考慮到你的最大利益。閃電安全方面的權威是美國國家氣象局的學者專家：http://www.lightningsafety.noaa.gov/

好了。醜話先說在前頭了……

為了回答以下的問題，我們對「閃電可能會打到哪裡」得先有個概念。有一招很酷的「撇步」，一開始我就要在這裡告訴大家：假裝有一顆直徑 60 公尺的圓球在地上滾來滾去，然後看這顆球會碰到哪裡[1]。在這個單元裡，我就要來回答關於閃電的幾個不同的問題。

人家說，閃電會擊中附近最高的東西。這種不精確的說法，實在是令人火冒三丈，馬上會引爆各式各樣的問題。「附近」是多近？我的意思是，又不是所有的閃電都會擊中珠穆朗瑪峰。難不成閃電會去找一群人當中個子最高的那個？我認識個子最高的人大概是諾斯[2]。為了閃電安全的緣故，我是不是應該盡量跟他混在一起？我跟他混在一起還有別的原因嗎？（也許我該繼續回答問題，而不是一直問問題。）

說了半天，閃電到底如何挑選目標呢？

一開始，閃電先以一束分枝狀的電荷從雲端打下來，稱為導閃，導閃以每秒幾十到幾百公里的速率向下傳播，在幾十毫秒內便從幾公里高的天空打到地面。

導閃攜帶的電流相對較小（數量級為 200 安培）。這樣的電流足以讓你沒命，但是比起隨後發生的事根本是小兒科。一旦導閃接觸到地面，雲和地面之間便因巨量的放電（數量級為 20,000 安培）

而達到平衡，這就是你看到的耀眼閃光。導閃以光速的顯著比例，沿著剛才的通路倒閃回去，不到一毫秒就閃完整個距離[3]。

我們看到閃電「擊中」地面的地方，就是導閃最先與地面接觸的地方。導閃在空中以「小跳步」向下移動，最終會朝著地面的正電荷（通常）而去。不過，導閃在決定下一步要跳去哪裡時，會「感覺一下」在它的尖端附近幾十公尺內的電荷。如果這段距離之內有什麼接地的物體，閃電就會跳到那個物體上。否則，閃電就會「半隨機」的跳向某個方向，並重複此過程。

該輪到 60 公尺大圓球上場了。大圓球可用來想像「導閃最先感應到的物體，可能在哪個地點」，也就是「導閃下一步（最後一步）可能會跳去的地方」。

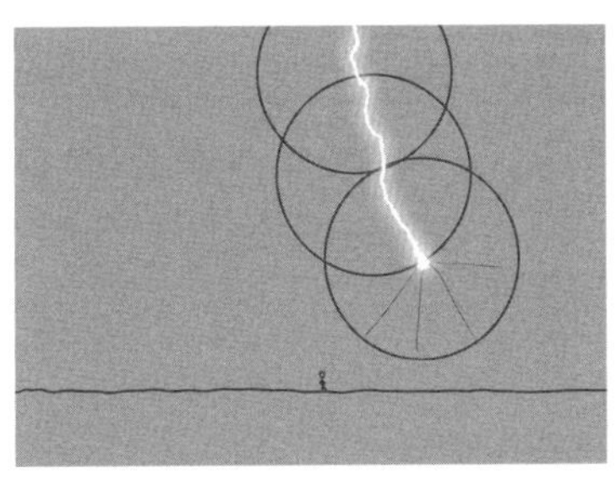

為了判斷閃電可能擊中的地點，我們讓那顆想像中的直徑 60 公尺大圓球在地上滾動[4]。大圓球可以爬到樹上及建築物上，但不

❶ 或是用真正的球也可以。

❷ 古生物學家估計，諾斯站立時肩高將近 5 公尺。（譯注：諾斯是加拿大網路漫畫《*Dinosaur Comics*》的作者。）

❸ 此過程稱為「回閃」，但電荷仍然是由上往下流。不過，放電看起來卻像是由下往上傳播。這種效應與交通號誌從紅燈變成綠燈時的車行效應類似，前方的車輛開始移動，然後才是後方的車輛，所以動作看起來像是向後傳播。

❹ 此時請勿使用真正的球，以策安全。

會穿透（或捲起）任何東西。球面接觸到的地方都是閃電的潛在目標，例如樹梢、籬笆柱子、在高爾夫球場上打球的人。

利用這顆圓球，可以算出平地上高度為 h 的物體，周圍的閃電「陰影區」。

$$\text{陰影區半徑 } d = \sqrt{-h(h-2r)}$$

在陰影區，導閃可能會擊中高的物體，而不會擊中物體周圍的地面：

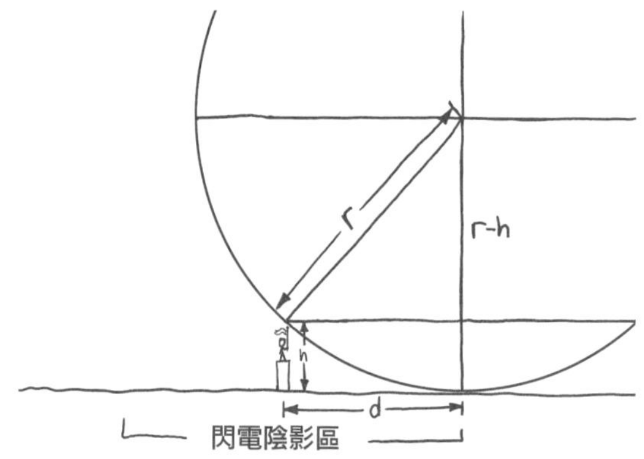

可是呢，這並不代表你在陰影區裡就會很安全——通常正好相反。電流擊中高的物體之後，便會流到地面。如果你正好接觸到附近的地面，電流可能就會穿身而過。2012 年美國死於閃電的 28 人當中，有 13 人正好站在樹下或樹旁。

有了以上的概念之後，我們來看看下列問題的假設情境中，閃電可能的路徑。

Q. 大雷雨時待在游泳池裡到底有多危險？

A. 相當危險。水會導電，但這並不是最大的問題——最大的問題是，如果你正在游泳，而你的頭正好從一大片平面上伸出來。不過就算閃電只擊中你旁邊的水，你還是會很慘。20,000 安培的電流向四面八方傳播（大多在水面上），但閃電會在多遠的距離，給你多大的電擊，則很難計算。

據我猜測，至少在閃電擊中處的十幾公尺範圍內都驚險萬分——淡水的危險範圍更遠，因為電流很喜歡穿過你的身體走捷徑。

如果你在淋浴時遭閃電擊中，那會怎樣？如果站在瀑布底下呢？

讓你置身險境的不是噴出來的水花——那只是空氣中的一串小水滴。真正的威脅是你腳下的浴盆，還有接觸到水路管線的水窪。

Q. 如果你乘坐的船或飛機遭閃電擊中，那會怎樣？如果是潛艇呢？

A. 沒有船艙的船，差不多和高爾夫球場一樣安全。有密閉船艙與閃電保護系統的船，差不多和汽車一樣安全。潛艇差不多和海底的保險箱一樣安全（而且「海底的保險箱」與「潛艇裡的保險箱」可別混為一談——「潛艇裡的保險箱」比「海底的保險箱」安全多了）。

Q. 如果你遭閃電擊中時，正好在無線電塔的塔頂換燈泡，那會怎樣？又如果你正好在翻觔斗呢？或者如果剛好站在石墨場上呢？那如果你正好直視閃電呢？

A.

Q. 如果閃電擊中半空中的子彈，那會怎樣？

A. 子彈並不會影響閃電經過的路徑。反倒是你必須算準發射的時間，才能讓子彈在回閃發生時，正好飛進閃電電光裡。

閃電電光核心的直徑有好幾公分。從 AK-47 機關槍發射出來的子彈，大約長 26 公厘，運動速率大約是每毫秒 700 公厘。

子彈鉛芯的外面鍍了一層銅。銅是絕佳的導電體，20,000 安培的電流大多走捷徑從子彈穿過。

出乎意料的是，子彈對這種情況應付自如。如果子彈靜止不動，電流會迅速加熱金屬、使金屬熔化。但由於子彈的移動速率太快，根本還沒加熱幾度，就已脫離閃電的路徑了。子彈幾乎不受影響，繼續朝目標前進。閃電電光周圍的磁場，和穿過子彈的電流周圍的磁場，會產生一些奇怪的電磁力，但是我分析過，這些電磁力對整體情況都沒有太大的影響。

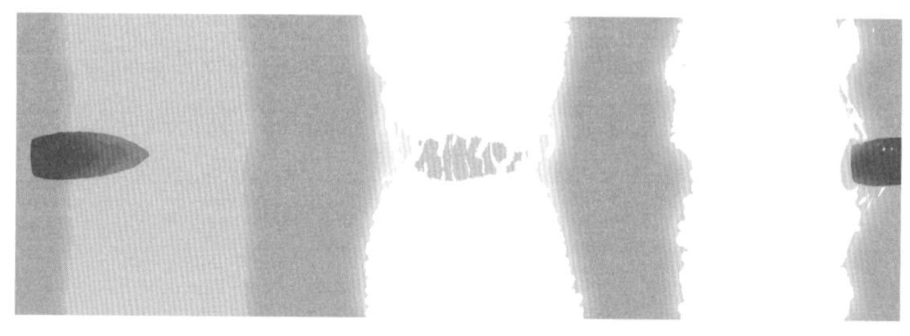

Q. 大雷雨時，如果你正在更新電腦的BIOS，卻遭閃電擊中，那會怎樣？

A.

❺ 編注：微軟 BOB 是微軟最短命的作業軟體。

「What If ？」收件匣收到的，稀奇古怪（且令人憂心）的問題，#4

Q．如果在地底下放置炸彈（熱壓彈或核彈），有可能阻止火山爆發嗎？

——托馬茲·古魯茲卡（Tomasz Gruszka）

Q．我朋友深信太空中有聲音。應該是沒有才對吧？

——阿倫·史密斯（Aaron Smith）

人腦與電腦的大戰

Q. 如果全世界的人都停下手邊正在做的事情，開始做計算，那我們可以達到的計算能力有多大？和現代的電腦或智慧型手機比起來如何？

——馬特烏茲·克諾普斯（Mateusz Knorps）

A. 一方面，人和電腦所做的思考，類型差異非常大，所以比較電腦和人，就像是比較蘋果和橘子。

另一方面，蘋果比較好[1]。我們不妨直接比較，人和電腦來做同樣的事情的結果。

要發明「一個人就可以做得比世界上所有電腦都快」的工作項目很容易（雖然一天比一天難了）。比方說，人類在「看圖說故事」這個項目，大概還是遠比電腦厲害。

為了測試這個理論，我把上面的圖寄給我媽媽，請她「看圖說故事」。她立刻回答[2]：「小孩打翻了花瓶，貓正在查看。」

她很聰明的否決了其他可能的假設，例如：

- 貓打翻了花瓶。
- 貓從花瓶跳到小孩身上。
- 貓在追小孩，小孩拿著繩子想要爬到衣櫥上逃跑。
- 家裡來了一隻野貓，有人拿起花瓶來丟牠。
- 花瓶裡有貓的木乃伊，小孩用魔法繩子一碰，牠就復活了。
- 托住花瓶的繩子斷掉，貓想把花瓶拼好。
- 花瓶爆炸，吸引小孩和貓來看。小孩戴上帽子來保護頭部，以免等一下又爆炸。
- 小孩和貓跑來跑去想抓蛇。小孩終於抓到蛇，把蛇打一個結。

和任何為人父母者相比，全世界的電腦都沒有辦法更快判斷出正確的答案。不過，那是因為從來沒有人設計程式，要電腦來判斷這類問題[3]，而幾百萬年來的演化，已經把人腦訓練成很會判斷「身邊其他人的腦袋在想什麼、為什麼要這麼想」。

---

❶ 除了五爪蘋果（Red Delicious apple），它這個騙人的英文名稱很滑稽。

❷ 我小時候，我們家有很多花瓶。

❸ 目前為止還沒有。

所以我們可以選擇某種工作項目，讓人類占點便宜，但這樣就不好玩了；電腦的能力受限於我們為它們設計的程式，所以我們已經占了先天優勢。

我們反而要來看看，人腦如何在電腦的地盤上一較高下。

微晶片的複雜度

不用發明什麼新的工作項目，拿我們在電腦上所做的基準測試，直接套用在人類身上就好了。這些測試通常包括浮點運算、數字儲存與召回、字串運用，還有基本的邏輯運算之類的。

根據電腦科學家莫拉維克（Hans Moravec）的研究，人若利用鉛筆和紙，以手工來執行電腦晶片基準運算，每一分半鐘可完成相當於一整條指令的運算[4]。

根據這種判斷標準，中階手機處理器所做的運算，大概比全世界人口所做的運算快了七十倍。新型的高階桌上型電腦晶片更厲害，快了一千五百倍之多。

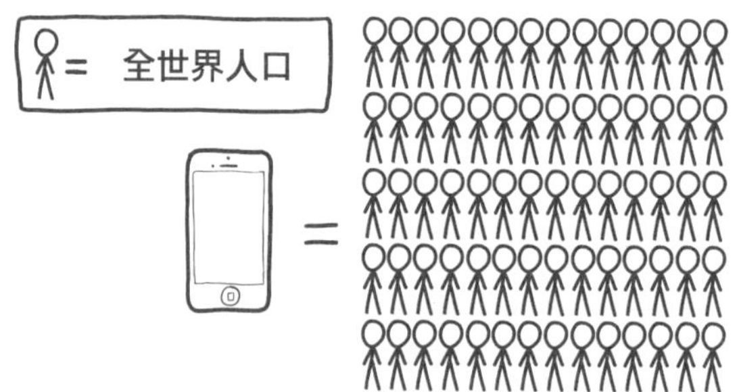

如此說來，究竟在哪一年，一部基本桌上型電腦，就超越了所有人類加起來的綜合處理能力？

答案是：**1994 年。**

1992 年時，全世界總共有 55 億人，也就是說，根據我們的基準測試，全世界人口的綜合計算能力約為 65 MIPS（每秒百萬條指令）。

同一年，英特爾發布了很受歡迎的 486DX 晶片，486DX 的預設組態基準測試大約達到 55 或 60 MIPS。到了 1994 年，英特爾新型奔騰晶片的基準測試，更達到 70 至 80 MIPS 左右的水準，令人類望塵莫及。

你可能會抗議，我們對電腦實在有點不公平。畢竟，這些比較都是「一部電腦」對抗「所有的人」。要是「所有的人」統統加起來對抗「所有的電腦」呢？

這太難計算了。對於不同類型的電腦來說，我們很容易就可以得出電腦的基準測試分數，但是，拿菲比小精靈（Furby）身上的晶片來說好了，請問你要如何衡量這種晶片每秒鐘的指令數？

世界上大多數的電晶體，都不是裝在「設計用來執行這些基準測試」的晶片上。如果我們假設，所有的人都經過改良（訓練），以便執行基準運算；那我們得花費多大的工夫，才能改良每片電腦晶片來執行基準運算？

為了避免這個問題，我們可以換個方法：利用計算電晶體來估計全世界電腦計算裝置的集體能力。事實證明，1980 年代的處理器和現今的處理器，兩者的「電晶體數與 MIPS 的比值」差不多，

❹ 這個數字取自莫拉維克《機器人：通向非凡思維的純粹機器》（*Robot: Mere Machine to Transcendent Mind*）書中的清單，請見：http://www.frc.ri.cmu.edu/users/hpm/book97/ch3/processor.list.txt

大約為「每秒每條指令 30 個電晶體」，誤差為一個數量級。

莫爾（Gordon Moore，著名的莫爾定律就是他說的）有篇論文，針對 1950 年代以來、每年電晶體的總生產量提出數據。這份數據看起來像這樣：

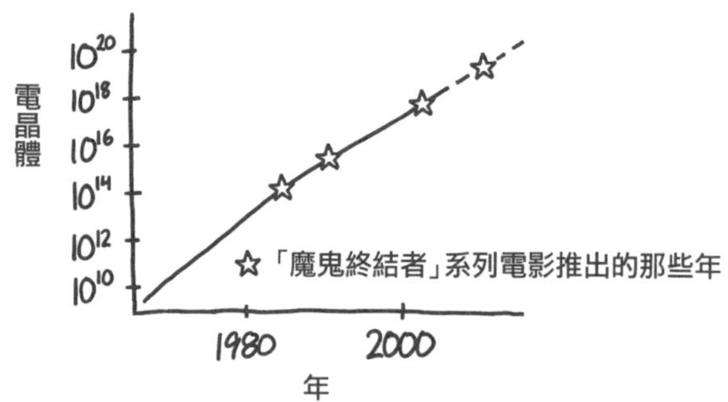

利用我們的比值，可以把電晶體的數量轉換成計算能力的總量。如此說來，一般的現代筆記型電腦的基準運算分數，大約是幾萬 MIPS，這樣的計算能力，比 1965 年當時全世界所有設備總和的計算能力還要高。照這種算法，「所有電腦的計算能力」終於超越「所有人類的計算能力」的那一年，是 **1977** 年。。

神經元的複雜度

再次重申，要大家拿紙筆來做 CPU 基準測試，來衡量人類的計算能力，簡直是愚蠢到了極點。若以複雜度來衡量，我們的大腦比任何超級電腦更複雜，對吧？

對。大致上是這樣。

有些研究項目試圖利用超級電腦來充分模擬大腦——在「個別神經元突觸」[5] 的級別上。只要看這些模擬用了多少處理器、花了多長的時間，我們就可以得到數據，看看需要多少電晶體才比得上人腦的複雜度。

根據日本超級電腦「京」在2013年的運算結果，得到的數據是：「一部人腦」相當於 10^{15} 個電晶體[6]。按照這種算法，全世界所有的邏輯電路加起來，直到1988年才達到「一部人腦」的複雜度……而所有電路的整體複雜度，在「所有人腦」的整體複雜度面前，仍是相形見絀。以摩爾定律為基礎進行預測，再利用這些模擬的數據來看，電腦想要領先人類，恐怕得等到 **2036** 年[7]。

這件事為什麼很荒謬

這兩種「人腦基準測試」的方法，代表了頻譜相反兩邊的極端。

一邊是用紙筆計算的 Dhryston[8] 基準測試：要求**人類**以手工模擬**電腦**晶片上的個別運算；結果發現人類的表現大約為 0.01 MIPS。

另一邊是超級電腦進行的神經元模擬項目：要求**電腦**模擬**人類**大腦中個別神經元的反應；結果發現人類的表現大約相當於 50,000,000,000 MIPS。

稍微好一點的方式，應該是結合這兩種估計方式。這事實上言之成理（雖然有點怪怪的）。如果我們假設：「電腦程式模擬人腦活動」和「人腦模擬電腦晶片活動」的效果幾乎一樣差勁，那麼，

---

❺ 即便分析到個別神經元突觸，還是可能沒完全搞懂整個大腦是怎麼回事。生物學是很複雜的。

❻ 超級電腦「京」用了 82,944 個處理器，每個處理器具有約 7.5 億個電晶體，花了 40 分鐘，才模擬出「1%的人腦神經網路以 1 秒鐘完成」的大腦活動。

❼ 如果你閱讀這本書的時候，已經過了 2036 年的話，容我從遙遠的過去向你問安！希望未來的一切更加美好。P.S. 拜託想個法子，把我們帶去你那裡。

❽ 譯注：Dhrystone 為測量處理器運算能力最常見的基準程式之一。

較為公平的人腦能力評比，應該是這兩個數字的幾何平均。

算出來的數字顯示，人類的腦力大約是 30,000 MIPS —— 正好和我用來打這些字的電腦不相上下。這也表示，地球上「數位複雜度」超越「人類神經系統複雜度」的那一年，是 **2004** 年。

螞蟻

摩爾在他的〈摩爾定律四十年〉（Moore's Law at 40）論文中，提出了一項有趣的觀察。他指出，根據生物學家威爾森（E. O. Wilson）的說法，全世界有 10^{15} ～ 10^{16} 隻螞蟻。相較之下，2014 年全世界大約有 10^{20} 個電晶體，換句話說，每有一隻螞蟻可以分配到幾萬個電晶體[9]。

螞蟻的大腦可能包含 25 萬個神經元，每個神經元有幾千個突觸，這就表示，全世界螞蟻大腦的整體複雜度，和全世界人腦的整體複雜度差不多。

所以，我們不用太擔心電腦什麼時候會迎頭趕上我們的複雜度。畢竟，我們已經趕上了螞蟻，而螞蟻似乎不太介意。沒錯，我們人類好像已經接管了地球，可是一百萬年後，「靈長類動物、電腦、螞蟻」三者中，哪一個還活在世上呢？我們來打個賭，我知道該賭誰一把。

❾ 可簡稱為「TPA」（transistors per ant）。

小王子的小行星

Q. 如果有一顆小行星非常非常小，卻有很大很大的質量，人有可能像小王子一樣住在上面嗎？

—— 薩曼莎・哈珀（Samantha Harper）

「你吃了我的玫瑰嗎？」「大概吧。」

A. 聖・艾修伯里所寫的《小王子》，是關於「來自遙遠小行星的旅行者」的故事。故事很簡單，既哀愁又淒美，令人難以忘懷[1]。《小王子》表面上雖是童書，卻很難界定作者預設的讀者群是誰。

---

❶ 不過，並非所有人都這麼認為。在 the-toast.net 網站上，歐爾特伯格（Mallory Ortberg）把《小王子》的故事描述成：有錢人家的小孩要求空難倖存者畫圖給他，然後還批評人家的繪畫風格。

無論如何，《小王子》肯定已經找到了讀者群；這本書可是史上最暢銷的圖書之一呢。

《小王子》寫於 1942 年。在這個時間點寫小行星，頗令人玩味，因為在 1942 年的時候，我們並不知道小行星實際上看起來像什麼樣子。即使拿當時最好的望遠鏡來看最大的小行星，也只不過是小光點而已。事實上，小行星的名稱就是這麼來的——小行星的英文 *asteroid*，意思就是「如星星般」。

1971 年，我們首度證實了小行星的真面目，當時水手 9 號太空船造訪火星，並拍攝了火衛一及火衛二的照片。這些衛星據信是火星擄獲的小行星，它們鞏固了小行星在現代人心目中的形象：宛如坑坑疤疤的馬鈴薯。

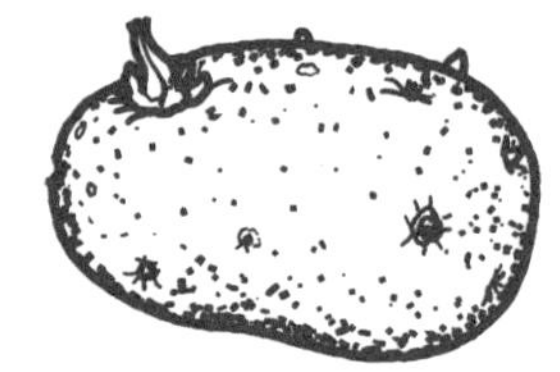

水手 9 號拍攝之火衛一影像

1970 年代之前，科幻小說往往會把小行星假想成像行星一樣圓圓的。

《小王子》更先進，把小行星想像成「具有重力、空氣和玫瑰的小星球」。以科學的角度來批判《小王子》，根本毫無意義，因為一來，《小王子》的故事並不是在說小行星；二來，《小王子》用寓言揭穿大人有多麼愚蠢，因為大人對每件事情都太斤斤計較了。

與其用科學來凌遲這個故事，倒不如看看要如何錦上添花。如果超密小行星真的具有足夠的表面重力，可以在上面走來走去，那這顆小行星應該會有某些極不尋常的特性。

如果小行星的半徑是 1.75 公尺，為了讓表面具有如地球般的重力，小行星的質量大約需要有 5 億噸才行。這大致相當於地球上所有人的總質量。

站在小行星的地表上，你會感受到潮汐力。你會感覺「頭輕腳重」，好像有一種微微的拉撐感。感覺像是躺在彎曲的橡膠球上把身體撐開，或是躺在旋轉木馬上，而頭靠近轉盤的中心。

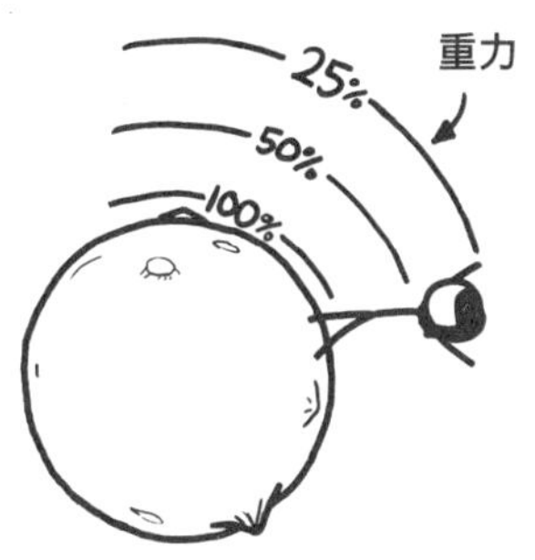

小行星地表的脫離速度大約是每秒 5 公尺。這比短跑衝刺的速度還慢，但還是挺快的。憑經驗預估，如果你無法灌籃，就無法「跳脫」這顆小行星。

然而，脫離速度的奇特之處，在於脫離速度與你的運動方向無關[2]。如果你的運動速率更快，只要不是朝著行星裡頭跑，你就可以脫離。也就是說，只要你朝著水平方向跑，跑到斜坡盡頭拔腿一跳，應該就可以脫離小行星了。

如果你跑得不夠快，脫離不了行星，你就會進入環繞它運行的軌道。你的軌道速率應該是每秒 3 公尺左右，和一般的慢跑速率差不多。

不過，這個運行軌道會很奇怪。

潮汐力會以幾種方式作用在你身上。如果你的手臂朝著行星往下垂，你的手臂受到的拉力，就會比其餘身體部位強。因此當你向下伸出一隻手臂時，你身體其餘部分感受到的重力較弱，就變成被往上推。事實上，你身體的每個部位都會想在不同的軌道上運行。

在這樣的潮汐力作用下，大型的軌道運行物體（比如說衛星）通常會分裂成環狀[3]。不過你倒不會分裂，然而你的軌道會變得亂七八糟且不穩定。

魯傑斯庫（Radu R. Rugescu）與莫塔利（Daniele Mortari）曾發表論文探討這些軌道類型。模擬結果顯示，又大又細長的物體沿著奇怪的軌道、繞中心體運行，連質心運動的軌道都不是傳統的橢圓形；有的軌道呈五邊形，有的則是亂滾一通便撞向行星去了。

這類分析其實還是挺有用的。多年來一直有人提出各種構想，想利用長長的迴旋繫繩，在重力穴裡裡外外運送貨物——算是某種自由飄浮的太空電梯。這種繫繩能把貨物傳送到月球表面，也可以傳送回來；或是接回在地球大氣層邊緣的太空船。但繫繩軌道具有內在的不穩定性，使這樣的太空任務變得很艱難。

至於我們超密小行星上的居民，也得小心翼翼；如果跑太快，可能會有跑進軌道的嚴重風險，變成「倒頭栽」兼「呷緊撞破碗」。

幸好，垂直跳的話就沒問題了。

美國克里夫蘭地區的法國兒童文學粉絲感到很失望，
因為小王子決定加入邁阿密熱火隊。

---

❷ ……這就是為何「脫離速度」其實應該稱為「脫離速率」才對——脫離速率沒有方向性，此乃「速率」（無方向性）與「速度」（有方向性）之間的差別。這件事在這裡顯得格外重要。

❸ 這大概就是「音速小子」電子遊戲中「環狀金幣」的由來。

天上掉下牛排來

Q. 要從什麼樣的高度把牛排丟下來，才能讓牛排在著地時已經煮熟？

—— 艾力克斯．雷希（Alex Lahey）

A. 希望你喜歡吃「匹茲堡半生不熟」牛排。而且你把牛排撿起來以後，可能還需要再解凍。

物體從太空返回地球時會變得非常熱。當物體進入大氣層，前方來不及閃開的空氣受到擠壓——而壓縮空氣會使空氣變熱。憑經驗預估，速率大約在 2 馬赫以上，你就會開始察覺到壓縮熱（協和號客機的機翼前緣有耐熱材質，就是因為這個緣故）。

跳傘好手保加拿（Felix Baumgartner）曾從 39 公里的高空一躍而下，在 30 公里的高度左右達到 3 馬赫。這種速率足以使氣溫增加好幾度，但由於氣溫遠低於冰點，所以沒什麼差別。（保加拿剛跳下時，氣溫約為零下 40 度，這是個神奇數字，因為你不必特別聲明是華氏還是攝氏——這兩種溫標的溫度剛好都一樣。）

據我所知，這個牛排問題原先在「4chan 網站」落落長的討論群組出現過，但很快就分化成內容貧乏的物理學廢話連篇，還夾雜反同性戀毀謗，以致於最後不了了之，沒有明確的結論。

為了求出更好的答案，我決定進行一系列的模擬，看看牛排從不同的高度掉下來會怎樣。

8 盎司（約 225 公克）重的牛排，大小與形狀和冰上曲棍球的圓盤差不多，所以我根據《冰上曲棍球物理學》（*The Physics of Hockey*）第 74 頁提供的數據，來假設牛排的阻力係數。那些數據真的是作者阿許（Alain Haché）利用某些實驗室儀器，親自測量出來的。牛排雖不是曲棍球圓盤，但是精確的阻力係數對於結果其實差別不大。

由於回答這些問題，免不了要在極端的物理條件下，分析異於尋常的物體，我唯一能找到的相關研究，往往是美國在冷戰時期的軍事研究。（看來，哪怕是和武器研究只有一丁點關連的題材，美國政府都捨得砸下大把的銀子。）為了搞清楚空氣如何加熱牛排，我拜讀了許多有關「洲際彈道飛彈重返大氣層之鼻錐加熱研究」的論文。其中最有用的兩篇是〈戰略飛彈整流罩受空氣動力加熱之預測〉以及〈計算返回式飛行器之溫度歷程〉。

最後，我必須精確算出「熱在牛排裡的傳播速率有多快」。我先從工業化食品生產的幾篇論文開始看起，這些論文模擬了熱在各種肉片裡的流動情形。看了半天，我才恍然大悟，想要知道以怎樣的時間配合怎樣的溫度，才能有效加熱不同層次的牛排，有一個方法簡單多了：查食譜。

《廚藝好好玩》是波特（Jeff Potter）的傑作，書中對於「肉類烹飪學」提供了非常棒的介紹，並且解釋了牛排在什麼樣的溫度範圍，會煮出什麼效果，以及為什麼會這樣。烹飪畫報出版的《做出好菜的科學》（*The Science of Good Cooking*）也很有幫助。

最後，我發現牛排會迅速加速，直到約 30 至 50 公里的高度為止，此處的空氣密度夠大，牛排從此開始減速。

隨著空氣密度愈來愈大，牛排掉落的速率會逐漸減慢。當牛排到達低層大氣時，無論牛排掉得多快，都會迅速減慢至終端速度。不管一開始的高度有多高，牛排從 25 公里的高度掉落到地面的這段距離，都得花上 6、7 分鐘的時間。

在這 25 公里的旅程中，氣溫大多在冰點以下，也就是說，牛排將慘遭無情冷酷的「颶風級」狂風蹂躪 6、7 分鐘。即使牛排在掉落過程中煮熟了，落地時可能還是得解凍。

當牛排終於到達地面時，終端速度大約是每秒 30 公尺。這代表什麼意思呢？想像一下職棒大聯盟投手使出投球的威力，把牛排摔在地上的樣子。就算牛排只有部分結冰，也可能一摔就碎掉了。不過，如果牛排掉進水裡、爛泥裡或樹葉堆裡，就有可能還是保持完好[1]。

從 39 公里高度掉落的牛排，可能無法像保加拿一樣突破音障，加熱效果也不太明顯。這倒不難理解——畢竟保加拿落地時，身上的跳傘裝並沒有燒焦。

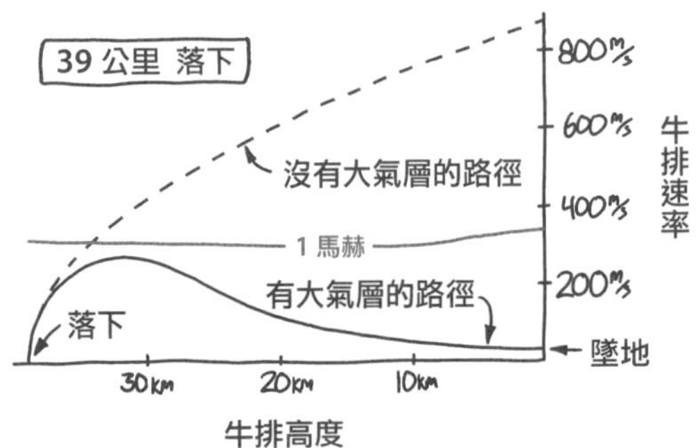

牛排如果突破音障也不會有事。除了保加拿之外，也曾經有飛行員在超音速的情況下彈射跳機，而且還好好活著告訴我們事情的經過。

為了突破音障，你得讓牛排從大約 50 公里的高度掉落。但這樣牛排還是煮不熟。

還要再到更高一點的地方。

如果從 70 公里的高度掉落，牛排就會掉得很快，足以受到約 180℃空氣短暫的「轟炸加熱」。可惜這空氣太稀薄縹緲了，此外轟炸加熱的時間維持不到 1 分鐘——任何有一點基本廚房經驗的人都可以告訴你，牛排放進 180℃的烤箱烤 60 秒，根本烤不熟。

從 100 公里的高度（太空邊緣的正式定義）掉落，情況也不會好到哪裡。牛排速率超過 2 馬赫的時間有 1.5 分鐘，最外層可能會略微燒焦，但是熱度很快就遭到冷冰冰的平流層疾風取代，以致於牛排還是煮不熟。

在超音速與極音速[2]的情況下，牛排周圍形成的震波，可避免牛排飽受愈來愈強的風摧殘。至於震波波前的確切性質（還有作用在牛排上的機械應力），取決於 8 盎司的生菲力牛排在極音速下如何翻滾。我查過文獻，但是找不到任何相關的研究。

為了進行情境模擬，我的假設是：速率較慢時，某種旋流會造成牛排在空中不斷翻轉；達到極音速時，牛排會遭擠壓成半穩定的扁球體。不過，這只是大膽猜測而已。如果有人把牛排放進極音速風洞做實驗，取得更好的數據，拜託拜託，麻煩把影片寄給我。

如果牛排從 250 公里的高度掉落，事情就開始變得刺激了；250 公里已經到達近地軌道的範圍。不過，由於牛排是從靜止往下掉的，所以牛排的運動速率遠不如從軌道重返地球的物體那麼快。

---

❶ 我的意思是整塊牛排外觀完好，但未必好到可以吃。

❷ 譯注：極音速也稱超高音速，速率在 5 馬赫（即 5 倍音速）以上。

在這種情境下，牛排的速率最高可達 6 馬赫，最外層可能會烤得很漂亮，可惜內層依然是生的。除非牛排陷入極音速翻滾、爆裂成牛肉塊。

如果是從更高的高度掉下，熱就會開始變得非常可觀。牛排前方的震波溫度達到幾千度（華氏或攝氏都一樣）。問題是，熱到這種程度，牛排表層會完全燃燒，不只是燒成碳而已，而是燒成焦炭，形成炭化了。

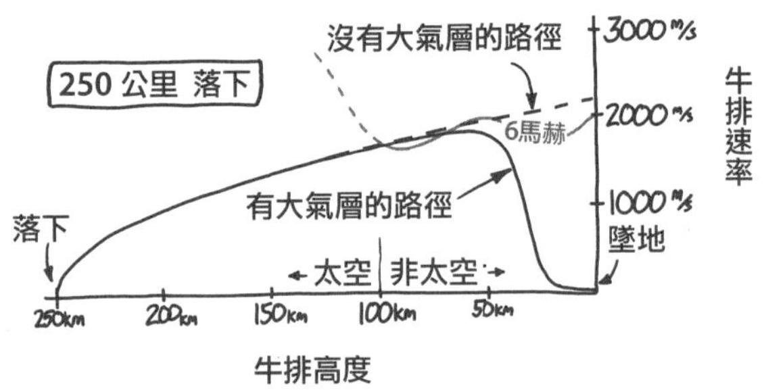

把肉丟進火裡，一定燒成焦炭，這是必然結果。肉在極音速下燒成焦炭的問題是，炭化層的結構完整性蕩然無存，風一吹就灰飛煙滅，於是又露出新的一層，然後又燒成焦炭。如果熱度夠高，牛排表層就會瞬間「閃燒」到爆開。這就是洲際彈道飛彈那篇論文中所謂的「消蝕區」。

即使是從那樣的高度掉落，牛排待在高熱中的時間還是不夠長，無法裡裡外外徹底變熟[3]。我們可以想辦法讓速率快上加快，或是讓牛排以某種角度從軌道掉落，延長加熱的時間。

但是，如果溫度夠高、或燃燒時間夠長的話，牛排將因外層反覆燒焦又爆開而慢慢瓦解。就算大部分的牛排成功到達地面，裡頭依然是生的。

這就是我們應該把牛排從匹茲堡上空丟下來的緣故。

正如某個八成是杜撰的故事所述，匹茲堡鋼鐵工人烤牛排的方式，是把牛排啪的一聲、丟在鑄鐵廠燒出來的灼熱金屬表面上，外層以高溫燒烤鎖住肉汁，內層依然是血淋淋的。據説這就是「匹茲堡半生不熟」牛排的由來。

所以呢，把你的牛排從次軌道火箭上丟下來，再派搜查小組去把牛排找出來、刷乾淨、重新加熱、切掉烤焦的部分，就可以大快朵頤一番了！

只是要小心沙門桿菌喔。對了，還有代號為仙女座的外太空病菌[4]。

---

❸ 我知道你們有些人大概在想什麼，答案是否定的——牛排待在「范艾倫輻射帶」的時間不夠長，以致於無法進行輻射消毒。

❹ 譯注：暢銷作家克萊頓於1969年寫下的經典科幻小説《天外病菌》，曾在2008年改編成電影「天外來菌」。故事中的致命病毒來自掉落的衛星，代號為仙女座。

冰上曲棍球

Q. 冰上曲棍球員在射門時，要用多大的力道，才能以冰球圓盤把守門員撞得向後飛進門網裡？

——湯姆（Tom）

A. 這是不可能發生的事情。

不只是射球力道夠不夠的問題。本書從不擔心這方面的限制。人拿球棍來打冰球，不太可能打出遠大於每秒 50 公尺的球速，但我們可以假設，射出冰球的是曲棍球機器人、電動雪橇，或極音速輕氣槍。

簡單一句話，問題在於曲棍球員很重，而冰球很輕。穿上全副裝備的曲棍球守門員的重量，大約是冰球重量的六百倍。即使射出的冰球超猛超快，冰球具有的動量，還是比不過「十歲小孩以時速 1.6 公里溜冰」的動量。

曲棍球員和冰面之間的作用力也相當強。全速溜冰的球員能夠在幾公尺距離內停下來，意味著他們在冰面上施加的力相當可觀。（這也表示，如果你慢慢抬高整個曲棍球場的一邊，可能要一直到傾斜角度高達 50 度時，球員才會紛紛滑向另一邊。當然這還需要實驗來驗證才行。）

根據曲棍球影片中碰撞速率的估計，再加上某位曲棍球員的指導，我預估：165 克重的冰球圓盤，必須以介於 2 馬赫至 8 馬赫之間的速率運動，才能把守門員撞得向後飛進球門——如果守門員穩如泰山準備迎擊，需要的速率較快；如果冰球以朝上的角度射門，則需要的速率較慢。

以 8 馬赫的速率發射物體，並不算太難。要做到這點，最佳方式之一，就是利用極音速氣槍，氣槍的核心所利用的機械原理，與發射 BB 彈的 BB 槍沒什麼兩樣[1]。

不過，以 8 馬赫速率運動的冰球，問題可就多了，首先碰到的問題是：冰球前方的空氣受到壓縮而迅速變熱。冰球還不至於快到使空氣電離、如流星般留下一道閃亮的尾跡，但冰球的表面會開始熔化或燒焦（如果飛行時間夠長的話）。

然而，空氣阻力會使冰球迅速減慢，若冰球離開發射器時的速率是 8 馬赫，那麼到達球門時，速率應該會減慢很多。就算速率還是 8 馬赫，冰球也不太可能把守門員「穿身而過」，反而會在與球員碰撞後爆炸開來，威力有如一大串鞭炮、或一小支炸藥。

如果你像我一樣，起先看到這個問題時，大概會想像冰球在守門員身上留下圓盤形狀的洞（像卡通演的那樣）。不過，那是因為我們對於「物質在極高速率下如何反應」的直覺不是很可靠。

反而，這樣的畫面可能比較正確：想像你使盡全力，把熟透的番茄狠狠的朝蛋糕砸過去。

結果差不多就是這個樣子。

❶ 不過，氣槍使用的是氫氣，不是空氣，而且射中眼睛時，真的會把你的眼球射出來。

消滅普通感冒

Q. 如果地球上所有的人彼此保持距離幾個星期，這樣普通感冒會不會絕跡？

——莎拉．尤爾特（Sarah Ewart）

A. 這樣做值得嗎？

普通感冒是由各種不同的病毒引起的[1]，但鼻病毒是最常見的罪魁禍首。這些病毒接管鼻子和喉嚨裡的細胞，並利用這些細胞來製造更多的病毒。幾天之後，你的免疫系統才會發現此事，並啟動來消滅病毒[2]，但那時候平均來說，你早已傳染給另 1 個人了[3]。等你擊退病毒感染後，就會對那種特定的鼻病毒菌株免疫，而且免疫力可以維持好幾年。

如果莎拉硬要我們全部隔離，我們身上帶有的感冒病毒就找不到新的宿主。那麼之後我們的免疫系統，有可能一舉消滅病毒的所有複製品嗎？

在回答這個問題之前，我們先考慮一下如此貿然隔離的實際後果。全世界的年度經濟總產出約為 80 兆美元左右，這就表示，中斷所有經濟活動幾個星期，得付出好幾兆美元的代價。全球性的「暫停」對於經濟體系的衝擊，極可能導致全球經濟崩潰。

全世界所有的糧食儲備，也許足夠應付我們隔離四、五個星期，但是糧食必須事先平均分配好。老實説，一個人孤零零的杵在某個荒郊野外，我還真不知道要拿那 20 天的儲備糧食如何是好。

全球性的隔離還會帶來另一個問題：我們實際上可以離彼此多遠？世界這麼大〔誰説的？〕，但是人又這麼多〔誰説的？〕。

如果我們把全世界的土地面積平均分一分，足夠讓每個人分到 2 公頃出頭的空間，且距離最近的人有 77 公尺之遠。

---

❶ 任何上呼吸道感染，都有可能引起「普通感冒」。

❷ 你的症狀其實是免疫反應引起的，並不是病毒本身。

❸ 在數學上，這肯定是對的。如果平均值小於 1，病毒就死光了。如果平均值大於 1，最後大家就會一直在感冒。

要阻絕鼻病毒的傳染，間隔 77 公尺大概夠遠了，但那樣的隔絕卻要付出代價。世界上的陸地，大多不宜讓人舒舒服服的站在那裡五個星期。有很多人會困在撒哈拉沙漠[4]、或在南極洲[5]中間動彈不得。

比較實際（卻不見得便宜）的解決辦法，是讓所有人穿上生化防護衣。如此一來，我們還可以走來走去跟人家互動，甚至還能維持某些正常的經濟活動：

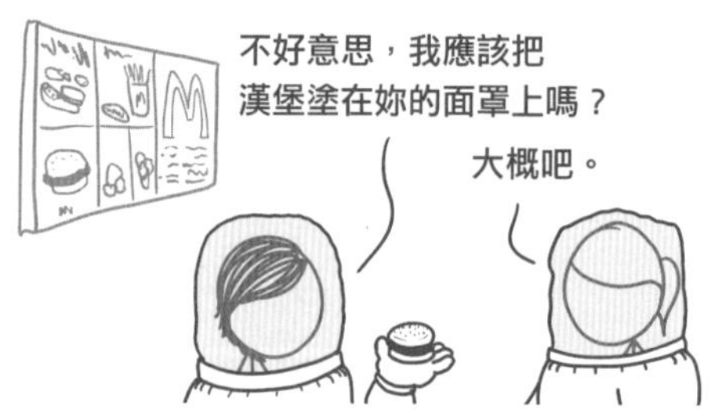

不過，先別管實際不實際了，我們趕快來解決莎拉真正的問題：這樣行得通嗎？

為了找出答案，我跟麥凱（Ian M. Mackay）教授聊過，他是澳洲昆士蘭大學傳染病研究中心的病毒學專家[6]。

麥凱博士說，從純粹生物學的角度來看，這個想法其實有點道理。他說，免疫系統會徹底消滅體內的鼻病毒（以及其他的呼吸道 RNA 病毒）；這些病毒在傳染後不會殘留在體內。此外，鼻病毒似乎不會在人畜之間互相傳染，意思就是，沒有別的物種能夠擔任我們感冒的「儲存庫」。如果鼻病毒無法在夠多的人之間傳來傳去，就會死光光。

實際上，在與世隔絕的族群中，我們已經看到這種病毒滅絕的影響。聖基爾達島距離蘇格蘭西北部相當遙遠，幾世紀以來，島上的人口都大約只有 100 人。每年只有區區數船到此一遊，而島民飽受某種不尋常的症狀所擾，也就是所謂的「陌生人的咳嗽」。幾百年了，每次一有新船到訪，咳嗽就會席捲全島，精準無比，屢試不爽。

暴發傳染的確切原因並不清楚[7]，但鼻病毒很可能要負大部分的責任。每次有船隻光臨，就會引進新的病毒株。這些菌株會席捲全島，幾乎傳染給所有的人。幾個星期後，島民都對這些菌株有了新的免疫力，無處可去的病毒就會死光光。

同樣的「病毒大掃除」，很可能發生在任何小而孤立的族群中，例如船難的倖存者。

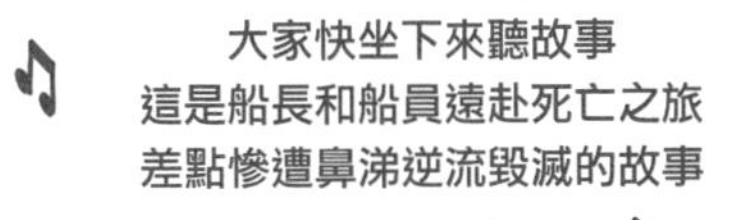

❹ 約有 4.5 億人。

❺ 約有 6.5 億人。

❻ 這個問題，我一開始先請教 Boing Boing 網站的多克托羅（Cory Doctorow），但多克托羅很有耐心的向我解釋，他其實並不是醫生（Doctor）。

❼ 聖基爾達島民曾正確指認，那些船正是感冒暴發的起因。然而，當時的醫學專家不理會這些指責，反而把感冒暴發怪罪於「船來訪時，島民站在戶外吹冷風」，以及「島民為了慶祝客人光臨，結果喝了太多酒」。

如果所有的人互相隔離，聖基爾達島的情境就會上演至整個物種。一、兩個星期後，我們的感冒會自生自滅，健康的免疫系統也會有充足的時間來掃蕩病毒。

不幸的是，這其中有一個破綻，而且這個破綻足以毀掉整個計畫：並非所有的人都擁有健康的免疫系統。

大多數人身上的鼻病毒，大約在十天內就會徹底清除。但是對那些免疫系統嚴重衰退的人而言，卻完全不是這麼回事。舉例來說，器官移植病人由於免疫系統受到人為抑制，因此一般的感染（包括鼻病毒）可能拖上幾星期，甚至幾年之久。

這一小群免疫功能不足的人，成了鼻病毒的避風港。消滅鼻病毒的希望很渺茫；只要在少數幾個宿主身上苟延殘喘，鼻病毒就有可能再度所向披靡、收復全世界。

莎拉的計畫除了可能導致文明崩潰，並不會根除鼻病毒[8]。然而，這樣也許還比較好！

雖然感冒一點都不好玩，沒有感冒卻可能更糟糕。科普作家齊默（Carl Zimmer）在他的著作《病毒星球》（*A Planet of Viruses*）中提到，未曾接觸鼻病毒的兒童，長大後會有較嚴重的免疫失調。說不定，這些輕微的感染有助於訓練並校正我們的免疫系統。

另一方面，感冒實在很討厭。除了讓我們感到不舒服之外，有些研究認為，受這些病毒感染也會直接削弱我們的免疫系統，害我們以後更容易受到感染。

總而言之，我才不要傻傻的站在沙漠中間耗五個星期，好讓自己永遠不會感冒。不過，只要有人拿得出鼻病毒疫苗，我一定搶先去排隊。

❽ 除非我們在隔離期間糧食耗盡，全都餓死了；這樣的話，人類鼻病毒就會陪我們一起死。

半空的杯子

Q. 如果一杯水突然間空了一半，那會怎樣？

——維托里奧．亞柯維拉（Vittorio Iacovella）

A. 對於結果的預測，悲觀主義者可能比樂觀主義者還要正確。

所謂「半空的杯子」，通常是指杯子裡含有一半的水、一半的空氣。

習慣上，樂觀的人看到的是「杯子半滿」，而悲觀的人看到的是「杯子半空」。這早已衍生出無數的各種笑話版本——比方說，工程師看到的是「杯子是實際需要的兩倍大」；超現實主義者看到的是「長頸鹿在吃領帶」等等。

但是，假使杯子空著的那一半「果真是空的」，也就是真空[1]，那會怎樣？真空肯定維持不了太久。但到底會發生什麼事，取決於通常沒人在乎的關鍵問題：「哪一半」是空的？

在以下的情境中，我們將想像三種不同的半空杯子，然後一微秒、一微秒的來觀察，這些杯子會發生什麼事。

中間的杯子裡是傳統的一半空氣、一半水。右邊看起來像傳統的杯子，但把空氣換成真空。左邊的杯子裡一半是水、一半是真空——但真空的部分在杯底。

想像一下，時間 t ＝ 0 時出現真空。

在最初的幾微秒裡，什麼事也沒發生。在這樣的時間尺度下，連空氣分子都幾近靜止。

在大多數情況下，空氣分子以每秒數百公尺的速率上下左右動來動去。但在任何給定的時間點，有些分子恰巧比別的分子動得快。最快的那幾個分子，運動速率可達每秒 1,000 公尺以上。在右邊的杯子裡，率先飄進真空的就是這些分子。

❶ 即使是真空，也不是真的空無一物，不過那是「量子語義學」（quantum semantics）的問題了。

左邊杯子裡的真空受到水的隔絕，所以空氣分子無法輕易進入。水是液體，不容易像空氣那樣擴張至填滿真空。然而，在杯子的真空中，水會開始沸騰，慢慢使水氣逸散至空無一物的空間裡。

儘管左、右兩個杯子裡與真空接觸的水面，都開始沸騰了，但在右邊的杯子裡，水還來不及大量蒸發，空氣就湧進來阻止了。而左邊的杯子裡，極微渺的水氣薄霧仍繼續注入真空中。

過了幾百微秒，湧進右邊杯子裡的空氣把真空完全填滿，而且猛撞水面，產生的壓力波傳遍整個液體。杯壁略微凸出，但玻璃承受得了這個壓力，並沒有破掉。震波反射穿透水，又回到空氣裡，加入原有的紊流中。

真空瓦解所產生的震波，花了大約 1 毫秒的時間傳播至另外兩個杯子。當震波通過時，杯子和水都稍微扭曲了一下。再過幾毫秒，震波到達人的耳朵，成為砰的一聲巨響。

差不多這時候，可以清楚看見左邊的杯子開始上升到空中。

氣壓一直想把杯子和水擠壓在一起，這就是我們所認為的「吸力」。右邊杯子裡的真空，持續時間不夠長，以致於吸力無法舉起杯子；可是，由於空氣無法進入左邊杯子的真空裡，所以左邊的杯子和裡頭的水開始滑向彼此。

左邊杯子裡沸騰的水，已經把極少量的水氣注入真空中。隨著真空的空間變小，水氣的累積使水面受到的壓力逐漸增加。最後，氣壓將使沸騰變慢（氣壓較高時，沸騰本來就會較慢）。

然而，現在左邊的杯子和其中的水，運動得太快，蒸氣累積什麼的都無所謂了。計時開始還不到 10 毫秒，杯子和水便以每秒幾公尺的速率飛向彼此。由於中間是真空，沒有空氣當緩衝（只有幾縷蒸氣而已），因此水就像鐵錘般，重重撞在杯底上。

水幾近於不可壓縮，因此撞擊並未隨時間傳播開來，而只是單一的劇烈衝撞。作用在杯子上的瞬間力道非常強，杯子應聲而破。

這種「水錘」效應（當你關掉水龍頭，偶爾會聽到老舊水管裡傳出「哐咚」聲，就是這種效應），在派對裡常玩的小把戲也看得到：用力拍擊玻璃瓶的瓶口，會把瓶底給爆掉。

這是因為拍擊瓶子時，瓶子突然被往下壓。裡面的液體對吸力（氣壓）沒有立即反應（很像我們的場景），液體和瓶子之間出現短暫的空隙（真空）。這只是很小的真空（厚度不到 1 公分），但是當空隙閉合時，產生的撞擊竟然把瓶底爆破了。

以我們的情況來說，撞擊力量之大，即使要撞破最厚重的玻璃杯都綽綽有餘。

杯底遭水往下拽，撞在桌子上。水花四濺，小水珠和玻璃碎片噴得到處都是。

同時，與杯底分離的杯身繼續上升。

半秒之後，目擊者聽到爆裂聲，已經開始有點畏縮了。他們忍不住抬頭，緊盯著杯子上升的一舉一動。

杯子的速率正好足以讓它撞上天花板，破成一堆碎片……

碎片的動量用光後，紛紛掉回桌上。

在此學到的教訓是：如果樂觀主義者說杯子是半滿的，悲觀主義者說杯子是半空的，那麼物理學家就會趕快低頭閃人。

「What If ？」收件匣收到的，稀奇古怪（且令人憂心）的問題，#5

Q．如果全球暖化帶來溫度上升的危機，
而超級火山帶來全球冷卻的危機，
這兩種危機難道不會互相抵消？

——弗洛里安．塞德爾－舒爾茲（Florian Seidl-Schulz）

Q．人要以多快的速度衝向「切乳酪用的鋼線」，
才會攔腰切成兩半？

——喬恩．梅里爾（Jon Merrill）

啊啊啊啊啊啊啊啊啊！！！

外星天文學家

Q．假設離我們最近的可居住系外行星上有生命，而且擁有與我們相近的科技。如果這些外星人正在看我們的地球，他們會看到什麼？

——恰克．H（Chuck H）

A．

我們再試著找出更詳盡的答案。首先來看……

無線電通訊

電影「接觸未來」讓很多人以為：外星人正在收聽我們的廣電媒體。可惜的是，事實恐怕未必如此。

問題在於：太空實在太大了。

就算你能解決星際間無線電衰減的物理學[1]，但只要考慮到經濟效益，就知道問題出在哪裡了：如果把電視訊號發射到另一個星球去，根本是在浪費錢。發射器的用電很貴，而且其他星球的生物又不買電視廣告裡的產品，電費都是這些廣告在付的耶。

整體的狀況更複雜，但最起碼，隨著科技愈來愈進步，我們洩漏到太空的無線電通訊卻變少了。我們一直在關閉巨型發射天線，轉而使用電纜、光纖、以及高度密集的手機基地臺網路。

我們的電視訊號也許暫時在外太空還偵測得到（要費很大的工夫才行），但是那樣的窗口也快要關閉了。二十世紀晚期，我們的電視和電臺一直朝著無垠太空放聲吶喊，那時候的訊號，大概在幾光年外就衰減到偵測不出來了。目前為止我們找到的可能適合居住的系外行星，遠在幾十光年之外，由此可見，人家根本沒有在複誦我們的流行語[2]。

但電視與電臺發射的訊號，並不是地球上最強的無線電訊號。在**早期預警雷達**的波束面前，它們只能甘拜下風。

早期預警雷達是冷戰時期的產物，由遍布北極周圍的一大堆地

---

❶ 我的意思是，如果你願意解決的話。

❷ 這和某些不可靠的網路漫畫所宣稱的，正好相反。

面及機載雷達站組成。這些雷達站以強大的雷達波束全天候掃描大氣層，波束經常從電離層反射回來，人們戰戰兢兢的監測雷達回波，以便捕捉敵人行動的蛛絲馬跡[3]。

這些雷達發射波洩漏到太空，當波束掃過鄰近系外行星的天空時，如果他們碰巧在監聽我們，很可能就會接收到這些雷達波。但正如科技的演進淘汰了電視廣播塔，早期預警雷達也受到相同的影響。如今的雷達系統（究竟躲在哪裡去了？）安靜多了，而且或許這些雷達最後也會遭新科技徹底取代。

地球上最強大的無線電訊號，正是來自阿雷西博望遠鏡的波束。這座位於波多黎各的巨大碟型天線，功能有如無線電發射器，可使訊號從附近的目標物，例如水星及小行星帶反射回來。阿雷西博望遠鏡基本上就像是手電筒，我們用它來照射行星，以便看得更清楚。（這聽起來實在有點瘋狂。）

不過，阿雷西博望遠鏡只是偶爾發射，而且波束很窄。如果波束恰好照到系外行星，而且外星人運氣超好，碰巧把接收天線對準我們地球的方向，結果外星人接收到的，只不過是無線電能量的短暫脈衝而已，然後就是一片寂靜[4]。

所以，遙望地球的假想外星人，大概不會用無線電天線來把我們接走。

不過，還有……

可見光

這比較有希望。太陽真的非常非常亮〔誰說的？〕，而且陽光照耀著地球〔誰說的？〕時，部分的太陽光反射回太空，成了「地球光」。部分的太陽光掠過地球、穿越大氣層，接著又照在別的星球上。這兩種效應從系外行星上都有可能偵測得到。

這些光無法直接透露任何有關人類的事情，但是如果你觀察地球夠久的話，從反射光便可判斷出許多有關地球大氣層的事物。你也許能判斷出我們的水循環是什麼樣子，而且我們富含氧氣的大氣層會讓你聯想到：這裡發生了奇怪的事情。

所以到頭來，來自地球最清晰的訊號，也許根本就不是我們發出的。搞不好是那些幾十億年來，不斷使我們這顆行星「地球化」（而且還不斷改變我們傳送到太空的訊號）的海藻。

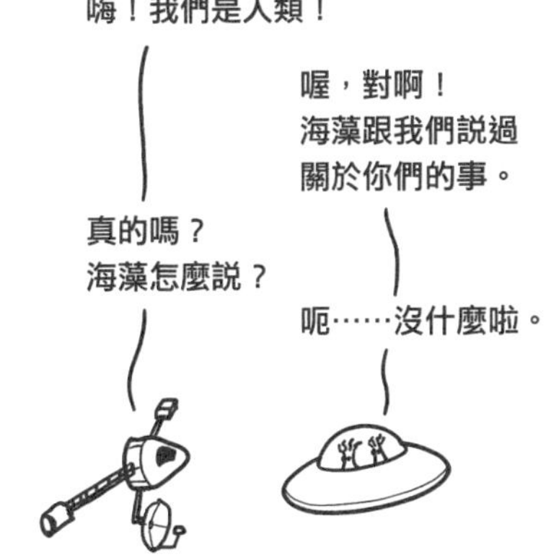

喂，時間到了。該走了呦。

❸ 那時我還沒生出來，不過我聽說當時的氣氛很緊張。

❹ 這就是我們在 1977 年曾經看過的現象。這個稱為「Wow！訊號」的短暫訊號，來源一直無法確認。

當然啦，如果想送出更清晰的訊號，我們也做得到。但無線電通訊的問題在於：當波束到達時，外星人必須要留意。

反過來，我們可以讓他們不得不留意。利用離子驅動、核能推進、或只要巧妙運用太陽的重力穴，我們也許可以把探測器送出太陽系，速率夠快的話，幾萬年後就能抵達某個鄰近的星球。如果我們能想出如何製造導航系統，撐得過這趟航行的話（這應該很難），我們就可以利用這套系統，把探測器送往任何有居民的星球。

為了安全著陸，我們必須減速。但是減速需要更多燃料。還有，這整件事的重點，就是為了讓外星人注意到我們，對吧？

所以呢，如果那些外星人遙望我們的太陽系，看到的說不定是這樣：

DNA 突然消失

Q. 這也許有點恐怖，不過……如果某人的 DNA 突然間消失了，那這個人還可以活多久？

——尼娜．查爾斯特（Nina Charest）

A. 如果你的 DNA 不見了，你會立刻減輕大約 150 公克。

減輕 150 公克

這種減重策略我並不建議。要減掉 150 公克還有更簡單的方法，例如：

- 脫掉襯衫
- 去尿尿
- 剪頭髮（如果你的頭髮很長）
- 捐血，不過一旦抽出 150 毫升的血，就要停止靜脈穿刺，不許再抽更多血
- 拿著直徑 90 公分的氫氣球
- 切掉手指

如果你從極區到熱帶旅行，也會減輕 150 公克。會發生這種事情有兩個原因：一來，地球的形狀像這樣：

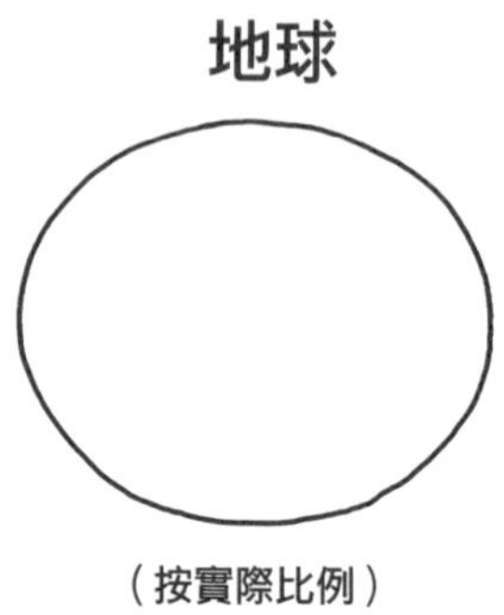

如果你站在北極，那麼你跟地心的距離會比你站在赤道時，減少 20 公里，因而在北極會感受到較強的地心引力。

二來，如果你在赤道上，離心力會將你往外甩[1]。

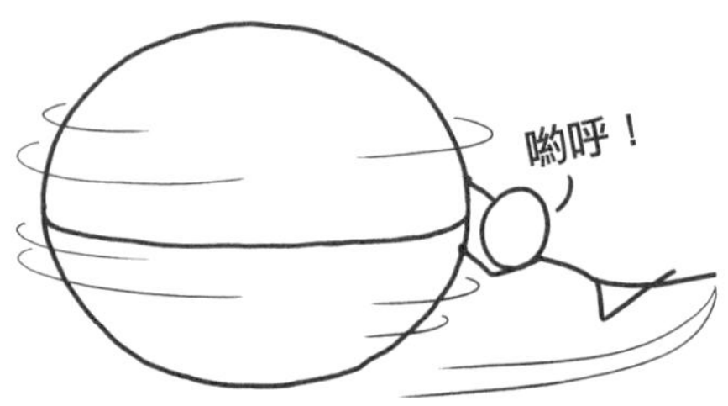

這兩種現象的結果是：如果你在極區與赤道地區之間移動，你的體重可能會減輕或增重多達 0.5%左右。

我一直強調體重是因為：如果你的 DNA 消失了，你察覺到的第一件事，並不是物質的有形損失。你可能會有感覺（隨著每個細胞略微收縮，產生一致的微小悸動），但也可能沒什麼感覺。

如果你失去DNA時正好站著，也許會微微抽搐。當你站立時，你的肌肉一直在努力維持你的挺直。那些肌肉纖維所施加的力不會改變，但肌肉纖維正在用力拉住的質量（你的四肢）會改變（變小）。由於 $F = ma$，因此身體的各個部位會略微加速。

之後，你説不定會覺得挺正常的。

但這只是暫時而已。

毀滅天使

從來沒有人曾喪失所有的DNA，[2] 所以我們無法斷言，這在醫學上會有什麼確切的連續後果。不過，為了對「可能會變成什麼樣子」有個概念，我們先來談談蘑菇中毒。

鱗柄白毒鵝膏菌（*Amanita bisporigera*）是發現於北美洲東部的蘑菇，它跟在美國及歐洲的親戚品種一樣，俗名也稱為**毀滅天使**。

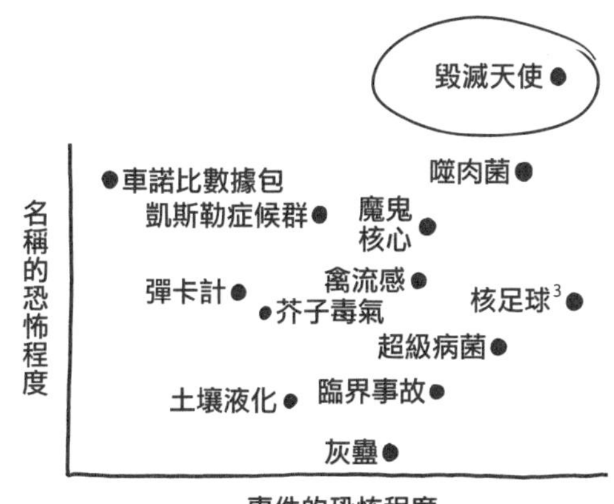

❶ 是的，「離心力」。不然來打賭。

❷ 我沒有這方面的引證，但我總覺得如果有的話，我們應該會聽過。

❸ 譯注：裝有發動核武密碼的公事包。

毀滅天使是一種小小的、白色的、看似無害的蘑菇。如果你和我一樣，都被叮嚀千萬不要吃樹林裡找到的蘑菇。這一切都是因為鵝膏菌屬（*Amanita*）[4]。

如果你吃了毀滅天使，一整天下來，你都會覺得沒什麼事。但到了當天晚上，或第二天早上，你就會開始顯現出類似霍亂的症狀——嘔吐、肚子痛、嚴重腹瀉。然後你開始感覺好多了。

就在你開始感覺好多了的時候，很可能已經回天乏術。鵝膏菌屬蘑菇含有稱為**毒傘肽**的化學物質，它會與某種用來讀取 DNA 訊息的酵素結合。毒傘肽使這種酵素動彈不得，徹底干擾「細胞聽從 DNA 指令」的作用。

毒傘肽對任何細胞都會造成不可逆的破壞。由於你的身體大部分是由細胞組成的[5]，這下可慘了。你通常會因肝臟或腎臟功能衰竭而死亡，因為毒素都累積在肝臟和腎臟裡頭，所以這兩種器官是最敏感的。有時候，重症看護及肝臟移植可能救得活病人，但是吃了鵝膏菌蘑菇的人，有非常高的比例最後會斃命。

鵝膏菌中毒的可怕之處在於讓人進入「行屍走肉」階段——這段時期你似乎好好的（或逐漸好轉），但你的細胞正不斷累積不可逆且致命的傷害。

這種模式正是典型的 DNA 損傷，在那些喪失 DNA 的人身上，我們很可能會看到類似的情況。

以化療與輻射這兩種會造成 DNA 損傷的例子來描述，畫面會更逼真。

化療

化療藥物是「鈍器」。有些藥物比較明確的針對目標，但很多藥物僅僅是普遍干擾細胞分裂而已。化療能選擇性殺死癌細胞，而不會在消滅癌症時，同時危害病人，原因在於癌細胞一直都在分裂，而大多數的正常細胞卻只是偶爾才分裂。

不過，有些人類細胞確實會不斷的分裂。分裂最迅速的細胞出現於骨髓中，而骨髓是製造血液的工廠。

骨髓對於人類的免疫系統也很重要。沒有骨髓，我們會失去製造白血球的能力，如此一來我們的免疫系統就毀了。化療會對免疫系統造成損害，使癌症病人很容易受到意外感染[6]。

身體裡還有其他類型的快速分裂細胞。我們的毛囊和胃黏膜也經常分裂，這就是化療會導致掉髮及噁心的緣故。

艾黴素（Doxorubicin）是最常見、最有效的化療藥物之一，功效是使隨機的 DNA 片段彼此連結、糾纏不清。這就像是拿強力膠滴在棉線球上，把 DNA 黏成毫無用處的一團亂[7]。以艾黴素治療幾天後，最初的副作用是噁心、嘔吐及腹瀉——這是有道理的，因為藥物殺死了消化道裡的細胞。

---

❹ 鵝膏菌屬的好幾個成員都叫做「毀滅天使」，另外還有一種稱為「死帽蕈」，絕大多數的蘑菇中毒致死事件，都是這些鵝膏菌惹的禍。

❺ 引證：我找了你的朋友，趁你在睡覺時偷偷溜進你的房間，用顯微鏡檢查過。

❻ 免疫調節劑如「長效型白血球生長激素」（培非格司亭，pegfilgrastim），也就是倍血添注射劑（Neulasta），可使頻繁的化療更安全。在功效上，這些調節劑讓身體誤以為有嚴重的大腸桿菌感染需要抵抗，這樣便能刺激白血球生成。

❼ 不過還是有一點點差別；如果你把強力膠滴在棉線上，棉線會著火。

喪失 DNA 同樣會導致細胞死亡，可能也會產生類似的症狀。

輻射

大劑量 γ 輻射也會藉由破壞 DNA 而造成傷害；在實際生活中，遭輻射汙染的損害可能最接近尼娜提出的假設情境。和化療一樣，對輻射最敏感的細胞，正是那些骨髓裡的細胞，其次則是消化道裡的細胞[8]。

如同毀滅天使蘑菇的毒性，輻射汙染也有潛伏期，也就是「行屍走肉」階段。在這段期間，身體仍然在工作，但無法合成新的蛋白質，於是免疫系統便不斷瓦解。

在嚴重輻射汙染的情況下，免疫系統瓦解是主要的死亡原因。如果無法提供白血球，身體就無法抵抗感染，連普通的細菌都能進入人體為所欲為。

最後的結局

如果失去 DNA，最有可能導致腹痛、噁心、暈眩、免疫系統迅速瓦解，並且因為急遽的全身感染、或系統性的器官衰竭，而在幾天或幾小時內死亡。

從另一個角度來看，至少還有一點好處可堪告慰。如果我們最後終將生活在反烏托邦式的未來，到時候「歐威爾主義」政府要蒐集我們的遺傳訊息，並利用這些訊息來追蹤並控制我們的話……

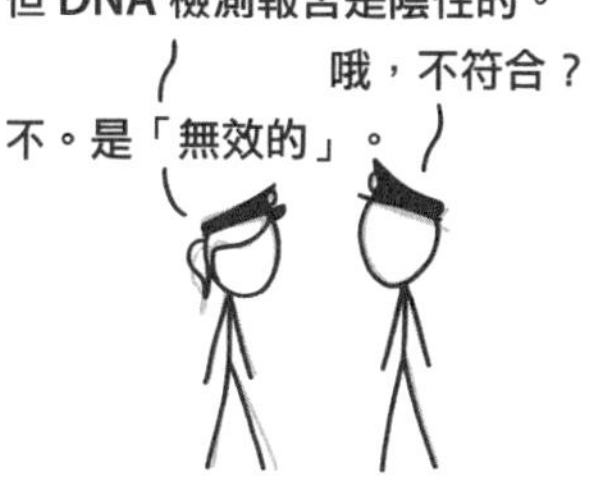

那麼，你就會變成隱形人了。

❽ 非常高的輻射劑量會很快就讓人沒命，但並不是因為 DNA 損傷，而是因為溶解血腦障壁，造成腦出血而迅速死亡。

星際西斯納飛機

Q. 如果人類駕駛普通的飛機，在不同的太陽系星體上空飛行，會發生什麼事情？

——格倫‧恰伽里（Glen Chiacchieri）

A. 這是我們的飛機[1]：

燃料箱裝滿了鋰離子電池

（運行時間 5 至 10 分鐘）

電動馬達

我們必須使用電動馬達，因為汽油引擎在有綠色植物的地方才能用。在沒有植物的世界裡，氧氣不會停留在大氣中——氧氣會與其他元素結合，形成二氧化碳與鐵鏽之類的東西。植物反其道而行，可以把氧氣脫除、注入空氣中。引擎需要空氣中的氧氣才能運轉[2]。

這位是我們的飛行員：

如果這架飛機在太陽系最大的 32 個星體表面起飛，發生的狀況如下所示：

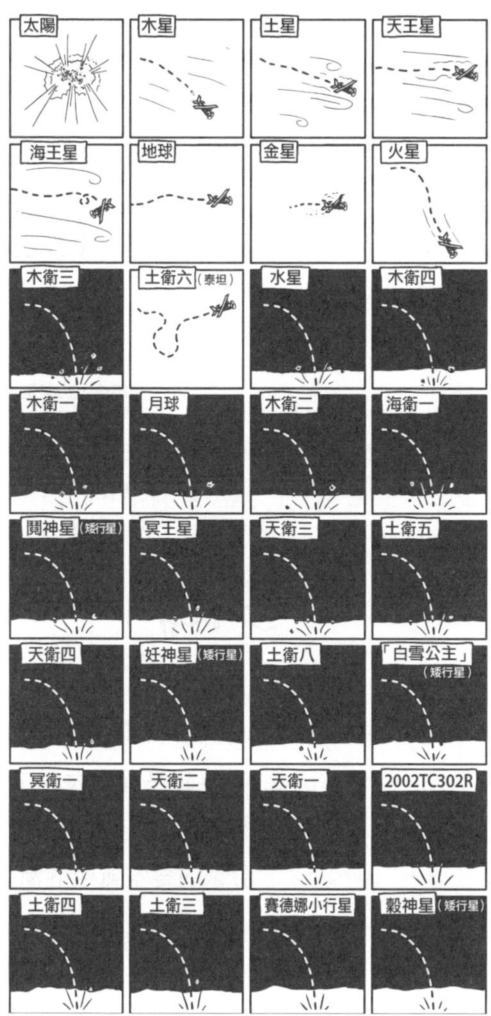

---

❶ 西斯納 172 型天鷹（Cessna 172 Skyhawk），大概是世界上最常見的飛機。

❷ 而且，我們的汽油也是用古代的植物製成的。

這些星體大多沒有大氣層，飛機會筆直掉到地上。如果飛機從1公里高或更低的高度掉落，在少數情況下，飛機會慢慢墜毀，有時間讓飛行員逃生——不過維生裝備恐怕撐不了那麼久。

太陽系有9個星體的大氣層密度夠大，值得一提：地球（當然啊！）、火星、金星、四個氣體巨行星[3]、土衛六（土星的衛星泰坦），還有太陽。我們來仔細瞧瞧，飛機在這些星體上各會有什麼遭遇。

太陽：猜也猜得出來會發生什麼事。如果飛機接近太陽，近到足以感受到太陽的大氣層時，不到一秒鐘就完全蒸發了。

火星：想知道飛機在火星上會有什麼遭遇，我們先把鏡頭轉向X-Plane。

X-Plane是世界上最先進的飛行模擬器，這項產品是某位死忠派的航空學愛好者[4]以及社群同好，歷經二十年努力不懈的成果。X-Plane可以實際模擬飛機飛行時，流過每一寸機體的氣流，這使得它成為珍貴的研究工具，因為它能準確模擬全新的飛機設計，以及新的環境。

尤其如果改變X-Plane的配置檔案，把重力減弱、大氣層稀釋、星球半徑縮小的話，就能模擬在火星上的飛行了。

X-Plane告訴我們，在火星上飛行很困難，但並非不可能。NASA知道這一點，而且已經考慮利用飛機來勘察火星。麻煩的是，火星的大氣這麼稀薄，飛機想要上升到任何高度，都必須飛得很快。光是起飛離地，就需要將近1馬赫的速率，而且一旦開始飛行，由於慣性實在太大，以致於會很難轉彎——因為一轉彎，飛機就會翻滾，但仍朝著原方向飛行。X-Plane的作者把「駕駛火星飛機」比喻成「駕駛超音速郵輪」。

我們的西斯納172型飛機恐怕無法勝任這項挑戰。如果從1公里的高度開始起飛，飛機將無法充分加速，會一路俯衝無法拉高，最後以超過每秒 60 公尺的速率在火星地表「犁田」。如果從 4、5 公里的高度起飛，獲得的速率可能足以讓飛機以超過音速一半的速率，變成滑翔狀態，但在這種情況下，著陸時仍免不了壯烈犧牲。

金星：不幸的是，X-Plane 模擬不出金星近地面的那種地獄般環境。但物理學計算可以讓我們對「在金星飛行是什麼樣子」有個概念。結論是：飛機會飛得很不錯，只不過會全程著火，然後就不飛了，接著飛機就不再是飛機了。

金星上的大氣密度是地球上的六十幾倍。大氣的密度這麼大，西斯納飛機「用跑的」就能升空了。不幸的是，那樣的空氣熱到足以使鉛熔化，飛機撐不到幾秒就會開始掉漆，零件迅速失靈，於是飛機在熱應力的作用下一邊解體、一邊緩緩滑向地面。

在雲層上方飛行應該保險得多。雖然金星的地表很恐怖，但高層大氣卻意外的和地球很像。在 55 公里的高度，人戴著氧氣面罩、穿上防護潛水衣就可以生存；氣溫跟地球的室溫一樣，氣壓也和地球高山上的氣壓差不多。不過，你還是需要穿上潛水衣，以免硫酸腐蝕[5]。

酸不好玩，但雲層上方的區域其實是很適合飛機飛行的絕佳環境，只要飛機沒有外露的金屬，就不怕硫酸腐蝕了。另外我剛才忘記說了，飛機還要有本事在「相當於五級颶風」的持續強風下飛行。

金星真是個可怕的地方。

木星：西斯納飛機無法在木星上飛行，因為木星的重力實在太強了。在木星的重力下，保持水平飛行所需的動力比在地球上大三

---

❸ 譯注：即木星、土星、天王星、海王星。

❹ 這個人一說到飛機，多半都會用大寫字母，來表示對飛機的喜愛。

❺ 我這樣沒有為潛水衣打廣告的嫌疑吧？

倍。我們在木星溫和的海平面氣壓下出發，穿越翻騰顛簸的風場，加速達到以每秒 275 公尺的速率向下滑行，在層層的氨冰與水冰中愈滑愈深，直到我們與飛機皆慘遭壓扁。木星沒有地面可以讓我們墜毀；隨著你愈陷愈深，木星也順暢的從氣態轉變成液態。

土星：這裡的景象比木星宜人一些。較微弱的重力（事實上跟地球的很接近）與密度稍微大一點（但還是很稀薄）的大氣層，意味著我們應該可以苟延殘喘久一點，然後才會敗給酷寒或強風，淪落到與在木星上同樣的下場。

天王星：天王星很奇怪，整個都是藍色的，那裡的風很強，而且冷得不得了。在氣體巨行星當中，天王星對我們的西斯納飛機最友好，也許你可以開飛機飛上好一陣子。但既然天王星看起來毫無特色可言，你去那裡幹嘛？

海王星：如果你想去冰巨星上逛逛，我認為海王星[6]應該比天王星好玩。在你凍死或慘遭紊流解體之前，在海王星上至少還有一些雲可以看。

土衛六（泰坦）：「好酒沉甕底」，最好的總要留到最後。說到飛行，土衛六的環境可能比地球更棒。土衛六的大氣層密度很大，但重力很弱，空氣密度比地球的大三倍，地面氣壓卻只比地球的高出 50%。土衛六的重力比月球的還弱，意味著在這裡飛行很容易，西斯納飛機利用「踩踏板動力」就能升空。

事實上，人在土衛六上靠肌肉的力量就能飛行了。人可以乘著滑翔翼舒舒服服的起飛，或利用「特大號蛙鞋」的動力任意翱翔，甚至拍拍人工翅膀也飛得起來。在土衛六上，飛行的動力需求很低——說不定和散步一樣，用不了多少力氣。

美中不足（總是會有缺點）的是太冷了。土衛六上的溫度只有 72 K（約－200℃），和液態氮的溫度差不多。從輕型飛機加熱需求的一些數據來判斷，我估計，在土衛六上，西斯納飛機的機艙溫度可能每分鐘降低 2 度左右。

電池有助於保暖一陣子，但飛機終將「熱盡機毀」。惠更斯號探測器降落土衛六時，電池幾乎耗盡，下降過程中拍攝了許多精采的照片，結果在地面上僅僅待幾小時便不敵嚴寒。惠更斯號著陸後，還來得及傳回一張照片——這是在火星之後，我們擁有的唯一一張從其他星體表面傳回的照片。

人如果裝上人工翅膀飛飛看，說不定就變成伊卡洛斯神話的土衛六版本了——我們的翅膀會結冰、解體，然後在翻滾中飛向死亡。

但我從不認為伊卡洛斯的神話是關於「人類極限」的教訓。我認為這是關於「蠟粘膠極限」的教訓。土衛六的嚴寒只不過是技術問題而已。只要有適當的組裝、適當的熱源，西斯納 172 型飛機就可以在土衛六上飛了——而且，我們也可以。

---

❻ 標語：「那個更藍一點的星球。」

「What If ？」收件匣收到的，稀奇古怪（且令人憂心）的問題，#6

Q．一般人身上總共有多少營養價值（卡路里、脂肪、維生素、礦物質等）？

—— 賈斯汀．里斯納（Justin Risner）

Q．電鋸（或其他切割工具）要在什麼樣的溫度下，才能使造成的傷口瞬間灼燒？

—— 希薇亞．加拉格爾（Sylvia Gallagher）

尤達大師

Q. 電影「星際大戰」中尤達大師施展出來的原力，功率有多大？

—— 萊恩・芬尼（Ryne Finnie）

A. 當然，我還是不管「星戰前傳」好了。

在「星際大戰」三部曲中，尤達大師施展原力最厲害的場景，莫過於當他把天行者路克的 X 翼戰機從沼澤舉起的那一刻。這無疑是我們在三部曲看到的所有角色中，在施展原力移動物體上，耗費的最大能量。

抬升物體至一定高度所需要的能量，等於「物體的質量」乘上「重力」再乘上「物體抬升的高度」。尤達舉起 X 翼戰機的那一幕，讓我們得以利用這個公式，算出他輸出的「峰值功率」下限。

首先，我們需要知道戰機有多重。X 翼戰機的質量從來沒有真正確認過，但長度倒是有，它有 12.5 公尺。F-22 戰機長 19 公尺，重 19,700 公斤，若依照這樣的比例，可估計出 X 翼戰機大約有 5.6 公噸。

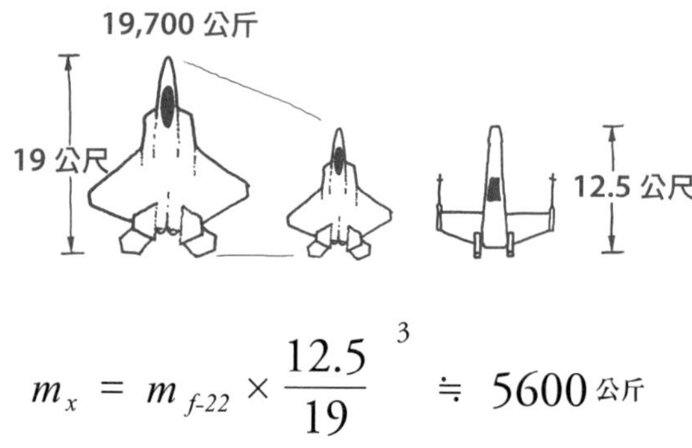

$$m_x = m_{f\text{-}22} \times \left(\frac{12.5}{19}\right)^3 \fallingdotseq 5600 \text{ 公斤}$$

其次，我們需要知道戰機以多快的速率上升。我仔細察看了那一幕的連續鏡頭，在精確計時下，推算出 X 翼戰機從水中冒出來的上升速率。

X 翼戰機的前起落架升出水面大約費時 3.6 秒，我估計起落架有 1.4 公尺長（我從「星際大戰：曙光乍現」中，一位機組成員從起落架底下鑽過的那一幕，估算出來的），也就是說，X 翼戰機的上升速率是 0.39 公尺／秒。

最後，我們需要知道達可巴星的重力強度。我以為我會卡在這裡，因為儘管科幻小說粉絲都非常投入，但總該不會有人把「星際大戰」中，去過的每個星球的地物特徵都列表出來，對吧？

我錯了。我低估了這些粉絲。Wookieepeedia 網站正好就有這樣的列表，清楚寫著達可巴星的表面重力是 0.9g。把表面重力、X 翼戰機質量、上升速率全部乘起來，便可求出尤達大師施展的峰值輸出功率：

$$\frac{5600\text{ 公斤} \times 0.9g \times 1.4\text{ 公尺}}{3.6\text{ 秒}} = 19.6\text{ 千瓦}$$

這足以供應好幾戶郊區家庭的用電了。這也大約等於 25 匹馬力，和 Smart 電動汽車的馬達功率差不多。

依照目前美國的電費價格來看，尤達大約價值 2 美元／小時。

但「隔空移物」只是原力的一種類型。白卜庭皇帝企圖殺死路克的原力閃電呢？這種閃電的物理性質從未言明，不過特斯拉線圈要造成類似效果，得用掉差不多 10 千瓦的功率——如此看來，白卜庭皇帝與尤達大師算是平分秋色。那些特斯拉線圈基本上用的是許多極短的脈衝。如果白卜庭皇帝一直施展連續的電弧（像電弧電焊機那樣），很容易就達到百萬瓦級的功率。

至於路克的原力功力如何？我研究過他用三腳貓的原力功夫，把光劍從雪中猛拉出來的那一幕。這裡的數字比較難估計，但我一格一格仔細檢查，估計出他的峰值輸出功率應該有 400 瓦。這和尤達的 19 千瓦比起來差很多，而且才一眨眼他就沒力了。

所以呢，尤達大師似乎是我們能量來源的最佳選擇。但全世界的電力消耗逼近 2 兆瓦，為了滿足我們的需求，恐怕要有 1 億個尤達大師才行。經過通盤考量，改用「尤達電力」可能會得不償失——不過，這絕對是綠色能源。

飛越之州

Q. 美國哪一州的上空有最多飛機飛越？

——傑西・魯德曼（Jesse Ruderman）

A. 所謂的「飛越之州」，通常是指美國西部那些又大又方正的州，因為大家在紐約、洛杉磯及芝加哥之間飛來飛去時，總是飛越這些州卻從不降落。

但是，飛機實際上飛越次數最多的州，到底是哪個？在美國東岸起飛、降落的班機很多；想也知道，人們飛越紐約州，一定比飛越懷俄明州更頻繁。

為了找出真正的「飛越之州」，我仔細研究了一萬多條空中交通航線，判別出每條航線各通過哪些州。

沒想到，最多飛機飛越（不起飛也不降落）的州，竟然是……

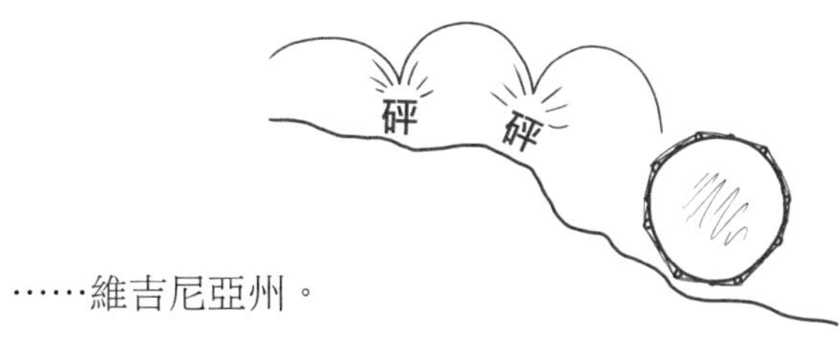

……維吉尼亞州。

這真是跌破我的眼鏡。我在維吉尼亞州長大，而我絕對想不到維吉尼亞州竟是「飛越之州」。

這很令人意外，因為維吉尼亞州有好幾個大機場，華盛頓特區附近的機場，有兩個（雷根機場及杜勒斯機場）就位在維吉尼亞州。這意味著大部分飛往華盛頓特區的班機，不算是「飛越」維吉尼亞州，因為那些班機就是「降落」在維吉尼亞州。

以下是美國地圖，各州的顏色深淺代表每天的飛越班機數量：

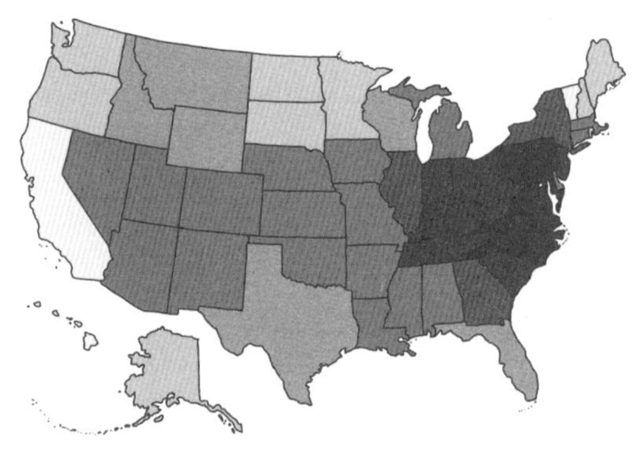

緊跟在維吉尼亞州之後的是**馬里蘭州**、**北卡羅萊納州**和**賓州**。每天飛越這些州而不停的班機，遠多於其他任何州。

那麼，為什麼是維吉尼亞州呢？

因素很多，但最重要的因素之一是喬治亞州的**哈茲菲爾德－傑克遜亞特蘭大國際機場**。

亞特蘭大機場是世界上最繁忙的機場，旅客及航班比東京、倫敦、北京、芝加哥或洛杉磯都來得多。亞特蘭大機場是達美航空（不久前才成為全世界最大的航空公司）的主要樞紐機場，意思就是說，搭乘達美班機的旅客，往往會經由亞特蘭大機場轉機。

由於有大量的班機從亞特蘭大機場飛往美國東北部，其中有

20％飛越維吉尼亞州，有25％飛越北卡羅萊納州，因此對這兩個州的飛越班機總數，有相當可觀的貢獻。

不過，亞特蘭大機場並不是飛越維吉尼亞州班機總數的最大貢獻者。有最多班機飛越維吉尼亞州的機場，又讓我跌破了眼鏡。

多倫多皮爾遜國際機場似乎不太可能是飛越維吉尼亞州班機的最大來源，但加拿大最大的機場貢獻的飛越維吉尼亞州班機，竟然比紐約的甘迺迪機場和拉瓜迪亞機場加起來還多。

多倫多機場的優勢，部分原因在於擁有很多直飛加勒比海及南美洲的班機，這些班機在飛往目的地的途中，都會飛越美國領空[1]。除了維吉尼亞州，多倫多機場也是飛越西維吉尼亞州、賓州及紐約州班機的主要來源。

從這張地圖可以看出，飛越各州的班機大多是來自哪一個機場：

❶ 和美國不一樣，加拿大有大量民航班機飛往古巴，穿越美國在航線規劃上比較有利。

飛越之州（以比例來看）

「飛越之州」另一個可能定義是：「飛越某州的班機」與「飛至某州的班機」的比值，看哪個州最高。若以這種方法來看，飛越之州多半是人口密度最小的州。不出所料，前十名包括：懷俄明州、阿拉斯加州，蒙大拿州、愛達荷州和南、北達科塔州。

不過，「飛越班機／飛至班機」的最高比值落在哪一州呢？太意外了，竟然是：德拉瓦州。

隨便查一下就知道，原因直截了當：德拉瓦州沒有機場。

咦？這不太對。德拉瓦州有幾個航空站，包括多佛空軍基地和紐卡斯爾機場。其中稱得上商用機場的只有紐卡斯爾機場，但自從 2008 年空中巴士航空公司關閉之後，這個機場就沒有航空公司在飛了[2]。

最少飛越之州

最少飛越之州是夏威夷，這很合理。夏威夷是世界上最大海洋中的小島所組成；你得費相當大的工夫才能飛到夏威夷。

在美國 49 個「非島州」[3]當中，最少飛越之州是加州。這讓我很訝異，因為加州細細長長的，似乎很多飛越太平洋的班機都會經過加州上空。

然而自從 911 事件中，裝滿燃料的飛機被當成武器後，美國聯邦航空總署試圖限制「沒必要載那麼多燃料」的班機飛越美國的數量，因此大部分原本可能飛越加州的國際旅客，都變成從加州某個機場轉機。

從底下飛過之州

最後，我們來回答稍微奇怪一點的問題：哪一州有最多的飛機從底下飛過？也就是說，在地球的另一邊、在美國領土正下方，有最多班機飛過的是哪一州？

結果是**夏威夷**。

這麼小的州竟然在這個項目獲勝，原因在於：大半個美國，在地球另一邊對應的是印度洋，飛越印度洋的民航班機非常少。另一方面，夏威夷在地球另一邊對應的是中非的波札那。飛越非洲的班機數量比不上其餘各大洲，但要讓夏威夷拔得頭籌仍綽綽有餘。

可憐的維吉尼亞州

我在那裡長大，實在很難接受維吉尼亞州成為「最多飛機飛越之州」的事實。等我回家與親人團聚時，我會記得三不五時仰望天空揮個手。

還有，如果你正好搭乘阿瑞克航空每天例行於早上九點三十五分起飛的 104 班機，由南非約翰尼斯堡飛往奈及利亞的拉哥斯時，別忘了朝下方看一眼，對另一邊的夏威夷說聲「阿囉哈」喔！

---

❷ 但 2013 年有了變化，邊疆航空公司開始運營紐卡斯爾機場與佛羅里達州邁爾斯堡機場之間的航線。而我的資料檔案裡並沒有把這些數據列入，說不定邊疆航空公司會讓德拉瓦州的名次掉下來。

❸ 我把羅德島州也包括在內，不過這樣似乎不太對。

帶著氦氣球跳機

Q. 如果我跳機時，帶著幾罐氦氣鋼瓶和一顆還沒充氣的大氣球，並在降落過程中用氦氣瓶來灌氣球，那我需要從哪個高度跳下，才能使氣球讓我減速到足以安全著陸？

—— 柯林．羅伊（Colin Rowe）

A. 這聽起來荒唐，可又好像行得通。

從高空墜落是很危險的〔誰說的？〕。氣球確實救得了你，不過派對裡的那種普通氦氣球顯然不行。

如果氣球夠大，你連氦氣都不需要。氣球就像降落傘一樣，可以讓你的墜落速率減慢，不至於喪命。

沒錯，避免高速著陸是存活關鍵。正如某篇醫學論文說的……

> **顯而易見，墜落的速度或高度本身並不是造成傷害的原因……但速度的急遽變化，例如從十樓墜落至水泥地，又是另一回事。**

說了半天，其實就是這句老話：「要命的不是墜落，而是最後的突然停止。」

若要充當降落傘，灌滿空氣（不是氦氣）的氣球，直徑必須有 10 至 20 公尺，這實在大得離譜，根本不可能用攜帶式鋼瓶充氣。用「超強風扇」把周遭的空氣灌進氣球裡倒是可行，但要用這招的話，還不如直接用降落傘算了。

氦氣

有了氦氣，事情就容易多了。

要把人升空，不需要用到太多氦氣球。1982 年，卡車司機沃特斯（Larry Walters）坐在普通的庭院躺椅上，只綁了幾顆探空氣球就連人帶椅升空，在洛杉磯上空飛來飛去，最後達到幾公里的高度。飛越洛杉磯國際機場的領空後，他用霰彈槍射破一些氣球，才得以降落。

沃特斯著陸時遭到逮捕，但當局搞不清楚該用什麼罪名控告他。那時候，美國聯邦航空總署的安全檢查員告訴《紐約時報》：「我們知道他違反了美國聯邦航空法案的某些條款，一旦我們判定是哪些條款，就會對他提出控告。」

只要一顆小小的氦氣球（絕對比降落傘更小），便足以減緩墜落的速率，但跟派對氣球相比，仍算滿大一顆。最大的出租用氦氣鋼瓶大約是 7,000 公升，你至少得用掉 10 瓶來灌氣球，才足以支撐你的體重。

你的動作必須很快。裝壓縮氦氣的鋼瓶很光滑，而且往往相當重，這代表鋼瓶的終端速度很快，你要在幾分鐘內把所有的鋼瓶用完。（氣體一用完，鋼瓶馬上可以丟掉。）

即使從更高的地方往下跳，也躲不掉這個問題。我們從第 132

頁的〈天上掉下牛排來〉得知：由於高層大氣非常稀薄，從平流層以上墜落的任何東西，都會加速到極高速率，直到碰到低層大氣才會慢下來、完成剩下的距離。從小流星[1]到跳傘高手保加拿，每個東西都是同樣的道理。

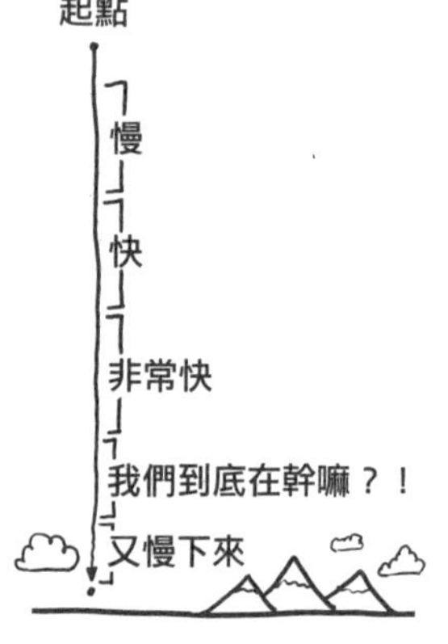

不過，如果你迅速灌飽氣球（也許把很多鋼瓶同時接上氣球），就能減緩降落速率。只是不要灌太多氦氣，不然你就會像沃特斯那樣飄浮在4,800公尺的高空。

研究這道題目的答案時，我有好幾次設法把我的Mathematica程式，鎖定在氣球相關的微分方程上，隨後我的IP位址就遭到Wolfram|Alpha網站禁用，因為我提出的要求太多了。網站的「禁用上訴申請表」要我解釋，我到底在執行什麼任務、為何需要提出這麼多問題。我寫說：「為了計算從噴射機跳機時，需要帶多少瓶出租氦氣鋼瓶，才能把大氣球灌飽到足以充當降落傘，好減緩墜落的速率。」

對不起啦，沃富仁[2]。

---

❶ 我為了回答這題而研究撞擊速率時，碰巧在「問答情報站」（Straight Dope）的留言板看到關於「可生還之墜落高度」的討論。其中一位留言者把「從高處墜落」比喻成「被公車撞到」。另一位網友是驗屍官，回應說這是很爛的比喻：

> **「被車撞到時，絕大多數的人都不是遭車子輾過，而是給撞飛了。他們的小腿骨折，人給撞飛到空中。這些人通常是撞到車子的引擎蓋，後腦勺往往撞在擋風玻璃上，把玻璃撞出裂痕，說不定還在上頭留下一些頭髮，然後就從車頂翻過去。這時人倒是還活著，不過腿斷了，或許還因為撞到不會致命的擋風玻璃而頭痛。他們在撞到地面時死亡，死亡原因是頭部重傷。」**

我得到的教訓是：千萬別招惹驗屍官；他們顯然都是狠角色。

❷ 譯注：數學家沃富仁（Stephen Wolfram）是「Wolfram|Alpha知識引擎網站」的創辦人，也是Mathematica科學計算軟體的發明者之一。

出地球記

Q.有沒有足夠的能量，可以把現有的所有人口都送離地球？

——亞當（Adam）

A.有一大堆科幻電影描述，人類由於汙染、人口過剩、核戰等原因，拋棄了地球。

不過，把人送上太空絕非易事。除了大規模減少人口外，真的有可能把全人類都送上太空嗎？姑且先不考慮我們該何去何從——假設我們不需找尋新的家園，只是不能留在地球上。

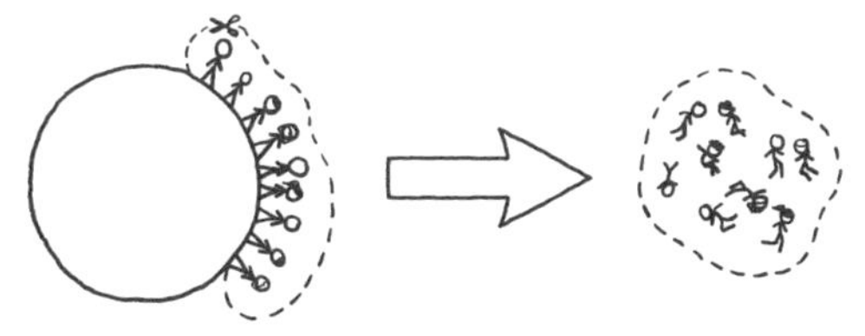

為了判斷這是否可行，首先來看能量需求的絕對底限：每人40億焦耳。無論我們如何辦到，不管是用火箭或大砲也好，太空電梯或普通梯子也罷，要使65公斤的人（或65公斤的任何物體）徹底掙脫地球引力，少說也要這麼多能量。

40 億焦耳是多少？這大約是 1 百萬瓦小時，相當於典型美國家庭一、兩個月的電力消耗，也相當於 90 公斤汽油、或裝滿 3 號電池的小貨車所儲存的能量。

40 億焦耳乘上 70 億人，得到 2.8×10^{19} 焦耳，或 8 霹瓦小時。這大約是每年全世界能源消耗的 5%。是很多啦，但並非全然不可能。

然而，40 億焦耳只不過是最低需求。實際上，一切都將取決於我們的交通工具。比方說，如果我們用的是火箭，那需要的能量就會遠比 40 億焦耳還多。原因在於火箭的根本問題：火箭必須運載本身所需的燃料。

我們先回過頭來看那些 90 公斤（約 30 加侖）的汽油吧，因為這有助於說明太空旅行的核心問題。

若想發射一艘 65 公斤的太空船，差不多需要 90 公斤的燃料。我們把燃料裝上太空船——現在太空船的重量變成 155 公斤。155 公斤的太空船需要 215 公斤的燃料，所以我們又把另外 125 公斤裝上太空船……

幸好，這沒完沒了的無限循環（太空船每增加 1 公斤，就得增加 1.3 公斤的燃料）還有救，因為事實上，我們不必全程攜帶那麼多燃料。我們邊飛邊燃燒燃料，因此太空船會愈來愈輕，需要的燃料也愈來愈少。不過，我們還是必須把燃料載運到中途。到底需要燃燒多少推進劑，才能獲得一定的運動速率？我們可以利用「齊奧爾科夫斯基火箭方程」（Tsiolkovsky Rocket equation）來計算：

$$\Delta v = v_{排氣} \ln \frac{m_{開始}}{m_{結束}}$$

$m_{開始}$與 $m_{結束}$分別是太空船加上燃料在燃燒前與燃燒後的總質量，$v_{排氣}$是燃料的「排氣速度」，對於火箭燃料來說，排氣速度介於每秒 2.5 至 4.5 公里之間。

重點在於「想要達到的運動速率 Δv」與「推進劑噴出火箭的速率 $v_{排氣}$」的比值。想要離開地球的話，需要的 Δv 為 13 公里／秒向上，而 $v_{排氣}$的極限約為 4.5 公里／秒，這樣可以算出燃料與太空船的比值至少是 $e^{13/4.5} \fallingdotseq 20$。如果 Δv 與 $v_{排氣}$的比值為 x，那發射 1 公斤的太空船，需要 e^x 公斤的燃料。

隨著 x 增加，這個數值會變得非常大。

結論是，若用傳統火箭燃料來克服地心引力，1 噸的太空船需要 20 噸至 50 噸的燃料。要讓全人類（總重量差不多是 4 億噸）發射升空，就需要幾十兆噸的燃料。這實在是多得不得了；如果我們使用的是碳氫燃料，代表全世界的剩餘石油儲量會少掉一大半，而這甚至還沒考慮太空船本身、食物、水，或寵物[1]的重量呢。我們還需要燃料來製造所有的太空船、把人運送到發射地點，諸如此類。這並非完全不可能，但絕對超出實際可行的範圍。

不過，火箭並不是我們唯一的選擇。儘管聽起來很瘋狂，但我們較明智的選擇還有（1）真的用繩子爬上太空，或（2）用核武器把我們轟出地球。這些發射系統的概念其實都很正經（或者該說很大膽），打從太空時代一開始，人們早已反覆琢磨這兩種概念。

---

❶ 光是美國，寵物狗就大概有 100 萬噸重。

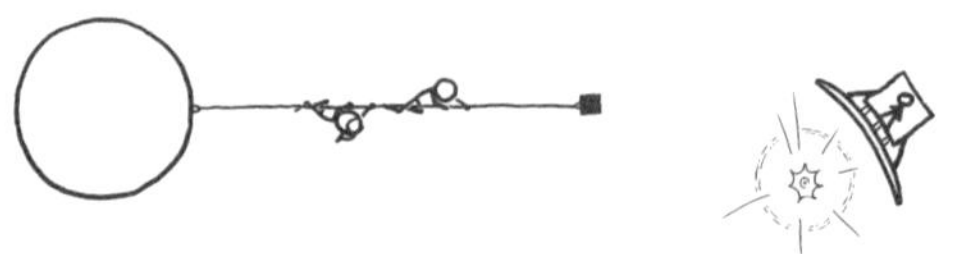

第一種方法正是「太空電梯」的概念，這可說是科幻小說作家的最愛，想法就是：我們把繫繩連結到衛星上，衛星在夠遠的軌道上運行，繫繩就會因為離心力而保持緊繃。接著我們可以利用普通的電力和馬達，讓攀爬者沿繫繩爬上去，電力來源可以是太陽能、核能發電，或什麼供電效果最好就用什麼。最大的工程技術障礙在於繫繩必須夠堅固，要比我們目前製造的任何東西都堅固好幾倍。奈米碳管材質很有希望能提供必要強度。只要冠上「奈米」兩字，有一長串工程技術的問題便可迎刃而解，這裡又多加了一項。

第二種方法是「核脈衝推進」，沒想到這種方法居然可以讓巨量的物質迅速移動。基本概念是：往自己的後方扔顆核彈，然後搭上爆炸的衝擊波。你以為太空船會蒸發，其實未必，如果太空船具有設計精良的保護罩，爆炸的衝擊在太空船全面解體之前，就會把它給轟走了。如果太空船建造得夠牢靠，理論上這套系統應該能讓整個城區升空、進入運行軌道，很可能有機會達成我們的目標。

這個方法背後的工程原理夠扎實，以致於美國政府在 1960 年代，真的試圖建造一艘這樣的太空船，也就是由戴森（Freeman Dyson）領導的獵戶座計畫，戴森的兒子喬治．戴森（George Dyson）還把其中的故事巨細靡遺寫成同名的書。提倡核脈衝推進的人一直很沮喪，因為還沒建造出任何原型，這計畫便遭撤消。其他人則指出，若仔細思考這些人想做的事：「把巨大的核武器庫裝在盒子裡、投擲到高層大氣、然後反覆引爆」，而這計畫竟然進行了這麼久才取消，簡直太恐怖了。

所以答案就是：儘管送一個人上太空還算容易，但要把所有人都送上太空的話，不但會榨乾我們的資源，還可能把地球給毀了。上太空對個人是一小步，但對全人類而言，卻是驚險的一大步啊！

「What If ？」收件匣收到的，稀奇古怪（且令人憂心）的問題，#7

Q．在電影「雷神索爾」中，
有一次主角把錘子轉得非常快，
結果竟然產生了強烈龍捲風。
在現實生活中，可能有這種事嗎？

—— 達沃爾（Davor）

不可能。

Q．如果人把這輩子的吻全存起來，
然後「集所有吻的吸力於一吻」，
請問那一吻的吸力有多大？

—— 喬拿坦．林斯特龍（Jonatan Lindström）

Q．到底要發射多少枚核彈，
才能把美國徹底炸成不毛之地？

—— 無名氏

自體受精

Q. 我看到報導說，有些研究人員想利用骨髓幹細胞製造精子。如果女人利用自己的幹細胞製造出精子，然後讓自己受精懷孕的話，那她和她的女兒會是什麼關係？

——R．史考特．拉莫提（R Scott LaMorte）

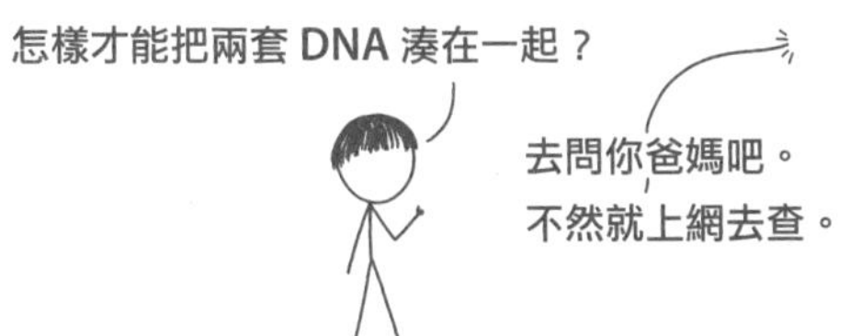

A. 為了「做人」，你得把兩套 DNA 湊在一起。

在人的身上，這兩套 DNA 分別由精子與卵掌控，每個精子細胞或卵細胞都保有父母親 DNA 的隨機樣本。（至於這種隨機選擇如何運作，等一下會提到。）在人的身上，這些細胞來自兩個不同的人。然而不見得一定是這樣。幹細胞可以形成任何種類的組織，原則上也可以用來製造精子（或卵）。

目前為止，還沒有人能從幹細胞製造出完整的精子。2007年，一群研究人員成功的把骨髓幹細胞轉變成精原幹細胞。精原幹細胞就是精子的前身。雖然研究人員無法使這些精原幹細胞充分發育成精子，但至少跨出了一步。2009年，同一個研究小組發表了一篇論文，似乎宣稱他們已完成最後的步驟，製造出有效的精子細胞。

不過有兩個問題。

第一，這些研究人員事實上並沒有說他們已經製造出精子細胞。他們說的是製造出「類似精子的細胞」，但媒體普遍掩蓋了這一點。第二，出版這篇論文的期刊撤銷了這篇論文。原來，論文裡有兩段文字，竟然是作者從另一篇論文剽竊來的。

儘管出了這些紕漏，但基本概念倒不算太牽強，而史考特問的問題，答案其實有點令人不安。

一般人不太容易了解遺傳訊息的流程。為了好說明，我們來看一下非常簡化的模式，愛好「角色扮演遊戲」的人應該對此很熟悉。

染色體：D & D 版

人類的DNA組成23對稱為染色體的片段，每個人的每對染色體都有兩套版本——一套來自母親，一套來自父親。

在我們的簡化版DNA中，假設染色體只有7對，而不是23對。在人的身上，每對染色體含有大量的遺傳密碼，但在我們的模式中，每對染色體只控制一件事。

我們採用的是D & D「d20」[1]版本的角色屬性系統，系統中的每段DNA都包含7對染色體，各控制一種屬性：

1. 力量
2. 體質

3.　敏捷
4.　魅力
5.　睿智
6.　智力
7.　性別

其中 6 對染色體是角色扮演遊戲中的典型角色屬性：力量、體質、敏捷、魅力、睿智和智力。最後 1 對則是決定性別的染色體。

以下是 DNA「鏈」的例子：

1.	力量	15
2.	體質	2X
3.	敏捷	1X
4.	魅力	12
5.	睿智	0.5X
6.	智力	14
7.	性別	X

在我們的模式中，每對染色體包含一則訊息。這則訊息可以是數值（通常介於 1 到 18）或乘數。最後一項（性別）是決定性別的染色體，和真正的人類基因一樣，可能是「X」或「Y」。

如同現實生活一般，每個人都有兩套染色體——一套來自母親，一套來自父親。想像某人的基因看起來像次頁這樣：

---

❶ 譯注：D&D為「龍與地下城」（Dungeons & Dragons）遊戲的簡稱，為桌上角色扮演遊戲的始祖，d20 為簡化版的 D&D 規則。

		母親的 DNA	父親的 DNA
1.	力量	15	5
2.	體質	2X	12
3.	敏捷	1X	14
4.	魅力	12	1.5X
5.	睿智	0.5X	14
6.	智力	14	15
7.	性別	X	X

這兩套屬性的結合，決定了一個人的特徵。以下是在我們的系統中，屬性結合的簡單規則：

如果某對染色體的**兩邊都是數字**，則屬性為較大的那個數字。如果某對染色體**一邊是數字一邊是乘數**，則屬性為數字乘上乘數。如果**兩邊都是乘數**，則屬性為 1。[2]

以下是剛才的假想角色最後的結果：

		母親的 DNA	父親的 DNA	屬性結果
1.	力量	15	5	15
2.	體質	2X	12	24
3.	敏捷	1X	14	14
4.	魅力	12	1.5X	18
5.	睿智	0.5X	14	7
6.	智力	14	15	15
7.	性別	X	X	女

當父母一方貢獻乘數、另一方貢獻數字時，結果可能非常好！

這個角色的體質是 24 分，簡直是超人了。事實上，除了睿智的分數較低外，這個角色的屬性算是「全能型」的。

現在，假設這個角色（姑且稱為「愛麗絲」）與某人（「巴布」）相遇：

巴布的屬性也很出色：

	巴布	母親的 DNA	父親的 DNA	屬性結果
1.	力量	13	7	13
2.	體質	5	18	18
3.	敏捷	15	11	15
4.	魅力	10	2X	20
5.	睿智	16	14	16
6.	智力	2X	8	16
7.	性別	X	Y	男

如果他們倆要生小孩，他們每人將各貢獻一套 DNA 鏈。但他們貢獻的 DNA 鏈，將是他們父母親 DNA 鏈的隨機搭配。每個精子細胞（及每個卵細胞）都包含來自 DNA 鏈染色體的隨機組合。所以，假設巴布和愛麗絲產生的精子與卵如下：

	愛麗絲	母親的 DNA	父親的 DNA	巴布	母親的 DNA	父親的 DNA
1.	力量	（15）	5	力量	13	（7）
2.	體質	（2X）	12	體質	（5）	18

❷ 因為 1 是乘法單位（multiplicative identity）。

3.	敏捷	1X	（14）	敏捷	15	（11）
4.	魅力	12	（1.5X）	魅力	（10）	2X
5.	睿智	0.5X	（14）	睿智	（16）	14
6.	智力	（14）	15	智力	（2X）	8
7.	性別	（X）	X	性別	（X）	Y

	卵（來自愛麗絲）		精子（來自巴布）	
1.	力量	15	力量	7
2.	體質	2X	體質	5
3.	敏捷	14	敏捷	11
4.	魅力	1.5X	魅力	10
5.	睿智	14	睿智	16
6.	智力	14	智力	2X
7.	性別	X	性別	X

如果精子和卵結合，小孩的屬性看起來會像這樣：

		卵	精子	小孩屬性
1.	力量	15	7	15
2.	體質	2X	5	10
3.	敏捷	14	11	14
4.	魅力	1.5X	10	15
5.	睿智	14	16	16
6.	智力	14	2X	28
7.	性別	X	X	女

小孩擁有母親的力量與父親的睿智。小孩還擁有超強的智力，這要歸功於愛麗絲貢獻的 14，以及巴布貢獻的乘數。另一方面，小孩的體質比父母弱很多，因為母親的 2X 倍數碰到父親貢獻的「5」，結果就只有這麼多。

愛麗絲和巴布都從父母親的「魅力」染色體得到一個乘數。由於兩個乘數碰在一起，屬性會變 1，如果愛麗絲和巴布都貢獻出乘數，則小孩的魅力會低到不能再低。幸好，發生這種情況的可能性只有 1/4。

如果小孩在兩個 DNA 鏈都得到乘數，屬性就會減至 1。幸好，由於乘數相對較罕見，任兩人都剛好提供乘數的可能性很低。

現在我們來看看，如果愛麗絲「自己跟自己生小孩」會發生什麼事情。

首先，愛麗絲會產生一對生殖細胞，這對生殖細胞會進行兩次隨機選擇過程：

	愛麗絲的卵	母親的 DNA	父親的 DNA	**愛麗絲的精子**	母親的 DNA	父親的 DNA
1.	力量	（15）	5	力量	15	（5）
2.	體質	（2X）	12	體質	（2X）	12
3.	敏捷	1X	（14）	敏捷	1X	（14）
4.	魅力	12	（1.5X）	魅力	（12）	1.5X
5.	睿智	0.5X	（14）	睿智	（0.5X）	14
6.	智力	（14）	15	智力	（14）	15
7.	性別	（X）	X	性別	X	（X）

選上的 DNA 鏈會貢獻給小孩：

	愛麗絲二世	卵	精子	小孩屬性
1.	力量	15	5	15
2.	體質	2X	2X	1
3.	敏捷	14	14	14
4.	魅力	1.5X	12	18
5.	睿智	14	0.5X	7
6.	智力	14	14	14
7.	性別	X	X	女

因為沒有人貢獻 Y 染色體，小孩保證是女的。

還有一個問題：小孩的七項屬性中，有三項（智力、敏捷及體質）從兩邊都遺傳到同一染色體。對敏捷和智力來說這不是問題，因為愛麗絲在這兩個類別的分數很高，但小孩在體質上，從兩邊都遺傳到乘數，結果體質只有 1 分。

如果某人自己跟自己生小孩，會大幅增加小孩從精子與卵子兩邊，都遺傳到同一染色體的可能性，因此很可能遺傳到兩個乘數。愛麗絲「自己跟自己生」的小孩，具有兩個乘數的可能性是 58%——相較之下，愛麗絲跟巴布生的小孩，具有兩個乘數的可能性是 25%。

一般來說，如果自己跟自己生小孩，染色體兩邊具有同樣屬性的可能性是 50%。如果那個屬性是 1（或乘數），就算你本身可能沒問題，也會讓小孩有麻煩。兩邊的複製染色體具有相同的遺傳密碼，這種情形稱為同型接合性。

人類

以人類來說，近親繁殖造成的遺傳疾病中，最常見的可能是脊髓性肌萎縮症（SMA）。SMA 可導致脊髓中的細胞死亡，往往使人喪命或嚴重失能。

SMA 是由第 5 號染色體上的基因異常引起的。每 50 人當中大約有 1 人具有這種異常，也就是說，每 100 人就有 1 人會貢獻給小孩，因此，每 1 萬人（100 乘上 100）中有 1 人將從父母雙方遺傳到有缺陷的基因[3]。

另一方面，如果自己跟自己生小孩，小孩得 SMA 的機率是 1/400 ——因為如果這生育者的複製基因有缺陷（1/100），則此基因成為小孩唯一複製基因的機率為 1/4。

1/400 聽起來也許沒那麼糟，但 SMA 僅僅是個開始。

DNA 很複雜

DNA 是天地萬物中最複雜機器的原始碼。每對染色體含有數量驚人的訊息，DNA 與周圍細胞機制之間的交互作用複雜得不得了，具有無數的可動元件，以及類似捕鼠器的反饋迴路。即使把 DNA 稱為「原始碼」都太小看它了——跟 DNA 比起來，最複雜的程式設計簡直就像是口袋型計算機。

在人的身上，每對染色體透過各種突變及變異影響很多事情。有些突變似乎完全是負面的，例如引起 SMA 的那種突變；這樣的突變沒有什麼好處。在我們的 D & D 系統中，這就像染色體的力量是 1。如果你的其他染色體是正常的，你就會具有正常的角色屬性，但你的角色將成為沉默的「帶隱性基因者」。

其他的突變則有好有壞，例如第 11 號染色體上的鐮狀細胞基因。兩邊的複製染色體都具有鐮狀細胞基因的人，會有鐮狀細胞貧

---

❸ 有些 SMA 的類型，事實上是由兩個基因中的缺陷引起的，所以實際的統計狀況稍微更複雜些。

血症的困擾。然而，如果只有一邊的染色體具有這種基因，反而會得到意外的好處：對瘧疾格外有抵抗力。

在 D & D 系統中，這就像是「2X」乘數。一個這樣的複製基因可以讓你更強壯，但兩個複製基因（2 個乘數）反而導致嚴重失調。

這兩種疾病說明了遺傳多樣性很重要的其中一個原因。到處都會冒出突變現象，但我們的冗餘染色體（備用染色體）有助於減弱這種效應。避免族群近親通婚，可以減少罕見而有害的突變出現在兩邊染色體上、同一位置的可能性。

近親交配係數

生物學家利用「近親交配係數」來量化某人染色體可能完全相同的百分比。無親緣關係的父母所生的小孩，近親交配係數為 0，而小孩擁有的染色體組合如果完全是複製來的，近親交配係數為 1。

我們原先的問題有答案了。由單一生育者自體受精生出的小孩，會像是生育者的複製人，但具有嚴重的基因損傷。小孩擁有的所有基因，這生育者都有，但小孩不會擁有生育者的所有基因。小孩的染色體，有一半是生育者本身染色體的複本。

這代表小孩的近親交配係數為 0.5。這數字非常高，連續三代都是手足通婚所生下的小孩，理應也是這個數字。根據福爾科納（D.S. Falconer）所寫的《數量遺傳學導論》（*Introduction to Quantitative Genetics*），近親交配係數為 0.5，

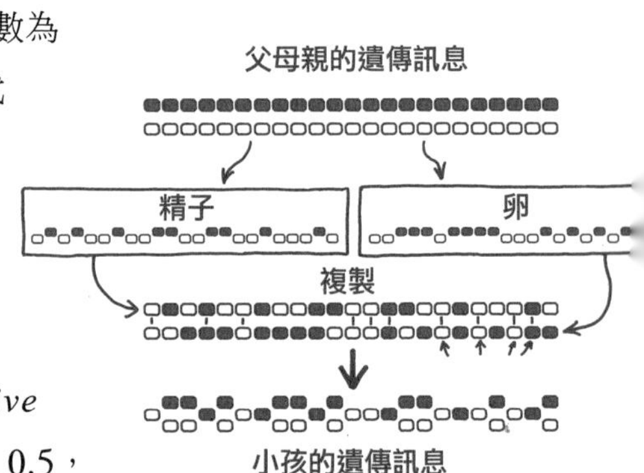

會導致智商平均降低 22，以及十歲時身高少 10 公分，而且有相當大的機率，產生的胚胎會胎死腹中。

近親繁殖的下場，從王室家族保持血統「純正」的努力中最能看出。歐洲的哈布斯堡王朝是十幾世紀時的歐洲統治者，以盛行表親通婚聞名，最後告終於西班牙國王卡洛斯二世的誕生。

卡洛斯二世的近親交配係數為 0.254，比兄妹亂倫所生的小孩（0.250）還稍微高一些。他深受百病纏身及情緒障礙所苦，是一位很奇怪（且大致上很無能）的國王。有一次，據說卡洛斯二世下令把親戚們的屍體挖出來，讓他好好看一看。卡洛斯二世無法生育，是王室血統結束的原因。

自體受精的風險很高，這就是性交在大型且複雜的生物之間廣受歡迎的原因[4]。偶爾也有複雜動物行無性生殖[5]，但這種行為相當少見。基本上，無性生殖在難以行有性生殖的環境中才會出現，可能是由於資源匱乏，或是族群隔離……

生命自會找到出路[6]

……或是由於主題樂園的經營者太自不量力。

---

❹ 嗯，這是其中一個原因啦。

❺ 「特倫布萊蠑螈」（Tremblay's Salamander）是混種蠑螈，專行自體受精繁殖。這品種的蠑螈全是雌性，而且奇怪的是，牠們擁有三個基因組，而不是兩個。繁殖時，牠們與品種相近的雄蠑螈進行求偶儀式，然後產下自體受精的卵。那些雄蠑螈沒得到什麼好處，只是被用來刺激產卵而已。

❻ 譯注：電影「侏儸紀公園」中的經典對白。

可以扔多高

Q. 人可以把東西扔多高？

—— 曼島上的愛爾蘭・戴維（Irish Dave on the Isle of Man）

A. 人很擅長投擲東西。事實上，我們非常精於此道；沒有別的動物能像我們一樣投擲東西。

沒錯，黑猩猩會扔糞便（在罕見情況下也會扔石頭），但要像人一樣扔得那麼精準，還差得遠。蟻獅會扔沙子，但不會瞄準。射水魚靠射水滴獵捕昆蟲，但用的是特化的嘴而不是手臂。角蜥蜴會從眼睛噴出血流，射程長達 12.5 公分。我不知道角蜥蜴為什麼要這樣做，因為每當我在文章裡看到「從眼睛噴出血流」，就會愣住、呆望著這個句子，直到不支倒地為止。

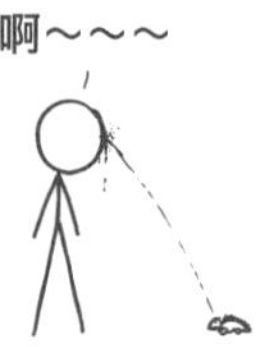

因此，儘管還有其他動物也會投擲東西，但唯一可以隨手抓個東西並命中目標的動物，大概就只有我們人類。事實上，我們太會扔東西了，以致於一些研究人員認為，在現代人類大腦的演化過程中，「扔石頭」扮演了重要角色。

投擲挺難的[1]。投手為了把棒球投給打擊者，必須在剛剛好的時間點鬆開球，只要早了或晚了 0.5 毫秒，球就會錯過好球帶。

準確來說，最快的神經脈衝大約需要 5 毫秒的時間，才能走完手臂長度。意思就是，當手臂還在朝正確位置轉動時，鬆開球的訊號已經傳到手腕了。以時間的掌握來說，這相當於鼓手從十樓丟下鼓槌，結果「在正確的拍點上」擊中地上的鼓。

我們似乎比較擅長把東西向前扔，而不是向上扔[2]。既然現在是要扔愈高愈好，不如利用那種「向前扔時會轉彎向上」的投擲物；我小時候玩的迴旋飛盤就是這樣，所以常常卡在最高的樹梢[3]。我們也可以利用以下的裝置，把整個問題轉個彎：

這個機械的功能：4 秒後，棒球就會砸到你的頭

我們可以利用跳板、抹了油的滑梯，或甚至是懸垂的彈弓——任何方法都行，只要能讓物體不加速也不減速的向上偏轉。當然，我們也可以試試次頁這個：

❶ 引證：我的「小聯盟」生涯。
❷ 反例：我的「小聯盟」生涯。
❸ 然後就永遠留在那裡了。

如果以不同的速率來扔棒球會怎樣？我做了一些基本的空氣動力學的計算，並以長頸鹿為單位來表示高度：

一般人扔棒球，大概能扔到至少 3 隻長頸鹿的高度：

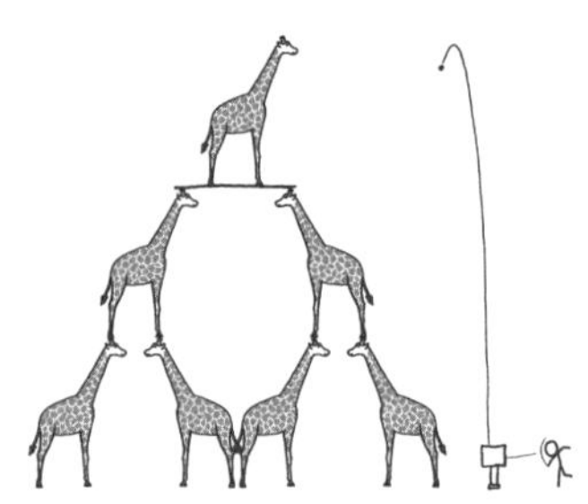

有人臂力甚佳，可以扔到 5 隻長頸鹿這麼高：

快速球達到時速130公里的投手，可以扔到10隻長頸鹿這麼高：

美國職棒選手查普曼（Aroldis Chapman）是投球速率最快的世界紀錄保持者（時速169公里），理論上可以把棒球投到14隻長頸鹿的高度：

但如果投擲物不是棒球呢？很顯然，藉由工具的輔助，例如彈弓、十字弓或回力球中的筐形球棒，投擲物的發射速率可以快很多。但是以這道題目來說，我們還是假設只能「徒手投擲」吧。

棒球可能不是理想的投擲物，但我們很難找到別種投擲物的速率數據。幸運的是，英國標槍選手布萊德斯托克（Roald Bradstock）曾舉辦「任意物體投擲大賽」，在比賽中，從死魚到廚房水槽，什麼東西都能拿來扔。布萊德斯托克的經驗為我們提供了許多有用的數據[4]。尤其是這些數據令人聯想到，最理想的絕佳投擲物可能是：高爾夫球。

很少有職業運動員曾留下投擲高爾夫球的紀錄。幸好布萊德斯托克曾做過這種事，而且宣稱自己的投擲紀錄是155公尺。當時布萊德斯托克有助跑，但儘管如此，認為「扔高爾夫球比扔棒球好」是很合理的。從物理學的觀點來看也說得通；投擲棒球的限制因素在於手肘上的力矩，高爾夫球比較輕，或許能讓投球的手臂動作稍快一點。

以高爾夫球取代棒球，球速也許提升不了多少，但可想而知，職業投手練習一段時間後，應該可以把高爾夫球扔得比棒球還快。

如果是這樣的話，根據空氣動力學的計算，查普曼大概可以把高爾夫球扔到約16隻長頸鹿的高度：

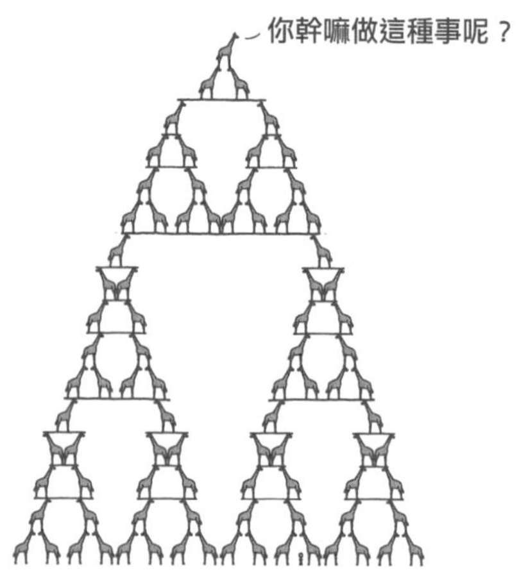

這大概是投擲物體所能達到的高度極限。

除非……下面這種絕招也算。如此一來，隨便一個五歲的小孩，就能輕易打破所有這些紀錄了。

❹ 以及許多沒用的數據。

致命微中子

Q. 人要離超新星多近，才會受到致命劑量的微中子輻射汙染？

——唐納德・斯佩克特博士（Dr. Donald Spector）

A.「致命劑量的微中子輻射」這說法很怪。我聽了之後，在腦子裡翻來覆去想了半天。

如果你不是學物理的人，可能不覺得這句話聽起來有什麼奇怪，下面這一小段文字可以解釋為何這個想法如此令人訝異：

微中子是「幽靈粒子」，與世界幾乎零互動。看一下你的手——每秒鐘大約有來自太陽的 1 兆個微中子穿過。

好了啦，別再看你的手了。

你之所以沒有察覺到滔滔不絕的微中子流，是因為微中子根本不理會尋常物質。平均來說，在巨量的微中子洪流中，每隔幾年才會有一個微中子「撞到」你身上的某個原子[1]。

事實上，微中子如此虛無縹緲，以致於整個地球對微中子來說根本是透明的；太陽的微中子流幾乎絲毫不受影響，全部直接穿過地球。為了偵測微中子，人們建造了裝有數百噸靶材料的巨大容器，希望能記錄到太陽微中子的撞擊過程，哪怕是單一個也好。

這意味著，當粒子加速器（可產生微中子）想把微中子束傳送到世界上某個地方的偵測器時，就只要把微中子束對準偵測器就行了——即使偵測器是在地球的另一邊也無妨！

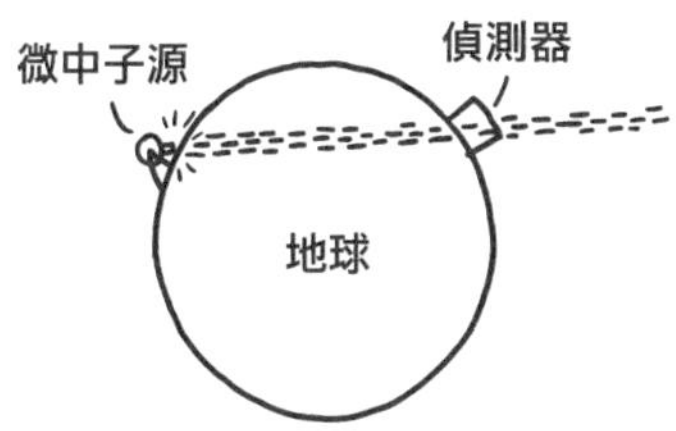

這就是「致命劑量的微中子輻射」這說法聽起來很怪的原因——尺度混搭得不倫不類。這就像「用羽毛把我擊倒」或「用螞蟻把足球場裝到滿出來」[2] 之類的說法。如果你有數學背景，會有點像是看到數學式「$\ln(x)^e$」，從字面上看，這句話倒不是毫無意義，而是你無法想像在什麼狀況下適用 [3]。

同樣的，很難產生夠多的微中子來跟物質發生交互作用，哪怕只有「一個」微中子與物質發生作用都非常困難；要想像微中子多到能傷得了你，實在很怪。

---

❶ 如果你是小孩的話，頻率會更低，因為小孩身上的原子比較少，更不容易發生撞擊。統計上來說，人的第一次「微中子交互作用」可能發生在十歲左右。

❷ 這還用不到世界上全部螞蟻的 1%。

❸ 如果你想為難修大一微積分的學生，可以叫他們求出 $\ln(x)^e dx$ 的導數。答案看起來好像是「1」還是什麼的，但其實不是。

不過超新星倒是能提供這樣的場景。這個問題的提問者斯佩克特博士是霍巴特與威廉史密斯學院（Hobart and Willam Smith Colleges）的物理學家，他告訴我，在估計超新星的相關數值時，他的經驗法則是：無論你認為超新星有多大，它仍會比你想像的還要大。

為了讓你有點尺度概念，我們先來看看以下的問題：依據「傳送到視網膜的能量大小」來判斷，下列何者比較亮？

（1）在日地平均距離之遠來看超新星

（2）引爆「緊壓在眼球上」的氫彈

拜託你快點引爆好嗎？這很重耶。

套用斯佩克特博士的經驗法則，超新星比較亮。事實上……差了整整「九個數量級」。

這就是這問題很妙的原因所在——超新星想像不到的大，微中子則是想像不到的虛渺。這兩種想像不到的東西，要在哪個層級互相抵消，才能在人類尺度上發揮作用？

輻射專家卡拉姆（Andrew Karam）在論文中提供了答案。論文指出，在某些超新星爆炸期間，當恆星核心塌縮成中子星時，可釋放出高達 10^{57} 個微中子（恆星塌縮過程中，每個質子會捕獲一個電子而成為中子，並釋放出一個微中子）。

卡拉姆計算出來，距離 1 個「秒差距」[4] 之遠的微中子，輻射劑量大約是 0.5 奈西弗，約是吃一根香蕉所受劑量的 1/500。[5]

致命的輻射劑量大約是 4 西弗。利用平方反比律就可以算出受致命輻射劑量所在的距離：

$$0.5\ \text{奈米西弗} \times \frac{1\ \text{秒差距}^2}{x} = 4\ \text{西弗}$$

$$x = 0.00001118\ \text{秒差距} = 2.3\ \text{AU（天文單位）}$$

這比太陽與火星之間的距離還遠一點點。

發生核心塌縮的超新星都是巨星，所以如果你從這樣的距離觀看超新星，你可能位於「形成超新星的外層」之內。

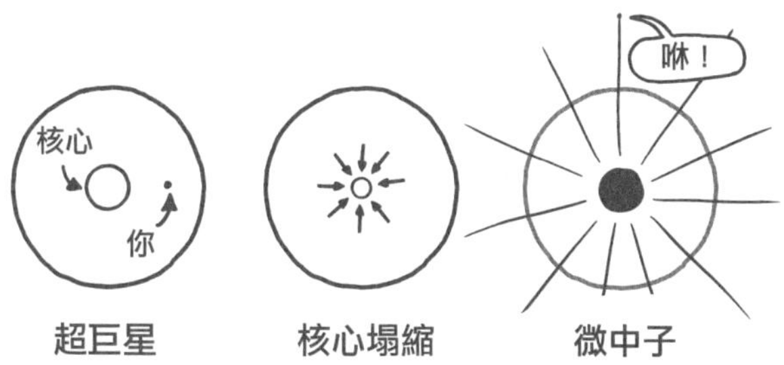

GRB 080319B 是歷來觀測到最猛烈的超新星——尤其是對那些在旁邊晃來晃去看熱鬧的人來說。

遭微中子輻射傷害的想法，正好加強了「超新星有多大」的概

❹ 1 個「秒差距」是 3.262 光年，比地球到半人馬座 α 星的距離稍微近一點。
❺ 參考「輻射劑量表」，詳見 http://xkcd.com/radiation。

念。如果你在 1 天文單位之遠處觀看超新星，這時連這麼虛無如幽靈般的微中子洪流，都足以置你於死地（前題是，如果你先前沒遭燃燒、蒸發、化為某種外星電漿）。

如果速率夠快的話，一根羽毛也絕對可以把你擊倒。

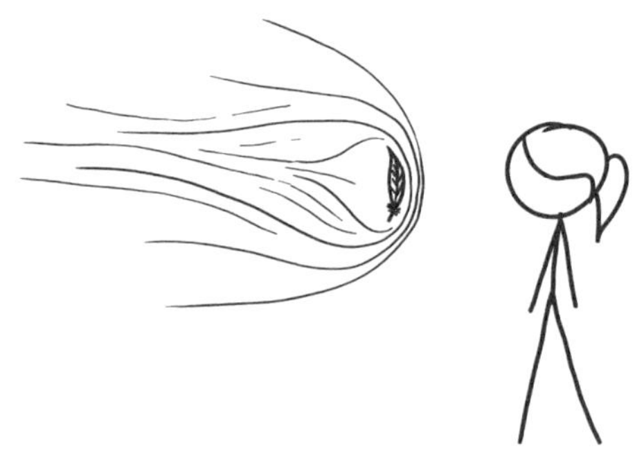

「What If ？」收件匣收到的，稀奇古怪（且令人憂心）的問題，#8

Q．有一種毒素會妨礙腎小管的再吸收能力，但不影響滲透功能。這種毒素可能有什麼樣的短期效應？

—— 瑪麗（Mary）

Q．如果捕蠅草會吃人，那它大概需要多久的時間，才會把人徹底榨乾、完全吸收？

—— 強納森．王（Jonathan Wang）

要命減速坡

Q. 開車撞到減速坡，還能存活的最快車速有多快？

——米爾林．巴伯（Myrlin Barber）

A. 令人想像不到的快。

首先，還是來一下免責聲明。看完答案後，千萬不要開車去撞減速坡。理由如下：

- 你可能會撞死人。
- 你會毀掉車胎、懸吊系統，搞不好整輛車都會受損。
- 你看過這本書裡的其他解答嗎？

如果那樣還不夠，以下引用了幾則醫學期刊的敘述，都和「減速坡造成的脊椎損傷」有關。

> **胸腰椎 X 光檢查及電腦斷層攝影顯示，四名患者身上有壓迫性骨折……施行後側固定術……除了一位頸椎骨折的患者之外，其餘皆恢復良好。**
>
> **L1 是最常發生骨折的椎骨（23/52，也就是 44.2%）。**
>
> **臀部與實際屬性的結合，可使一階垂直固有頻率從 12 赫茲減至 5.5 赫茲，與文獻一致。**

（最後一則和減速坡傷害並沒有直接關聯，但我無論如何我就是想順便列進來。）

一般的小減速坡大概不會致人於死

減速坡是設計用來使駕駛人減速的。若以時速 5 英里開車經過一般的減速坡，會產生輕微的跳動[1]，若以時速 20 英里開過去，就會引起相當大的顛簸了。若以時速 60 英里開車經過減速坡，照理說應該會按比例引起更大的顛簸，但事實上很可能並非如此。

正如那些醫學引述內容所證實的，人確實偶爾會因減速坡而受傷。然而，所有的這類傷害，幾乎全發生在非常特別的一群人身上：那些坐在公車後方硬邦邦座椅上的人，而且公車是開在崎嶇不平的道路上。

你開車時，有兩個東西可以避免你因路面顛簸而受傷，那就是輪胎及懸吊系統。這兩個系統幾乎什麼顛簸都能承受得了，除非減速坡大到撞到車架，否則無論你開車的速率有多快，你都不太可能會受傷。

---

❶ 和任何有物理背景的人一樣，我計算時都用公制單位，但我在美國已經吃了太多張超速罰單，以致於在本題的答案中，忍不住以「每小時英里」為單位；這已經烙印在我的腦海裡了。抱歉！

對這些系統來說，承受震動卻不見得是好事。比方說，輪胎為了承受震動可能會爆胎[2]。如果減速坡大到撞到輪胎的鋼圈，車子的許多重要零件可能就報銷了。

典型的減速坡高度大約介於 7.5 至 10 公分。這差不多也是一般胎墊的厚度（鋼圈底部與地面之間的間隔）[3]。也就是說，如果開車經過小減速坡，鋼圈並不會真的碰到減速坡，只不過是輪胎會遭壓扁而已。

一般轎車的極速差不多是 120 英里。若以那樣的車速撞到減速坡，可能導致車子因某種因素失控撞毀[4]。然而，顛簸本身可能並不會致命。

不過如果撞到比較大的減速坡（例如減速丘或減速平臺），你的車子恐怕就後果不堪設想了。

要開多快才會必死無疑？

我們來想想看，如果車速超過車子的極速，會發生什麼事情。現代汽車的極速，平均來說頂多是時速 120 英里左右，最快的車子可以開到大約時速 200 英里。

儘管大多數小客車的引擎電腦，會強制限定車子的極速，但最高車速的物理限制，終究還是來自空氣阻力。這種阻力隨速率的平方而增加；阻力大到某個程度，車子就沒有足夠的引擎動力再開得更快了。

如果你真的強迫轎車的車速超過極速（大概是利用第 17 頁〈相對論棒球〉中的神奇加速器），減速坡應該是最不值得一提的問題。

車子會產生升力。流經車子周圍的空氣會在車上施加各種力。

在正常的車速下，升力沒那麼重要，但在更高的車速下，升力就變得很可觀了。

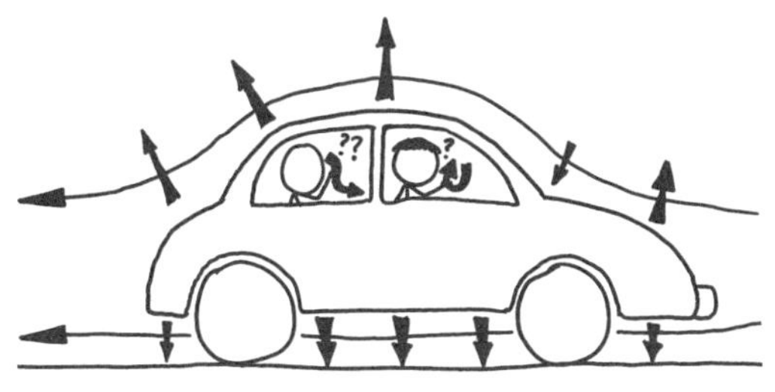

哪來的這些箭頭？

對於配備機翼的一級方程式賽車來說，這種力會把賽車往下推，使賽車維持在跑道上。對於轎車來說，這種力會把車子抬起來。

美國超級房車賽（NASCAR）的車迷常常提到，如果賽車開始旋轉，就會產生時速200英里的「離地速率」。在其他種賽車場上看到的驚人「後空翻」撞毀事故，也是因為空氣動力設計不如預期所致。

結果就是：在時速150英里至300英里的範圍內，一般轎車還沒撞到減速坡，就會離地、翻車、撞毀……

最新消息：自行車籃子裡的小孩及不明生物遭車子撞死

---

❷ 上Google查詢「以時速60英里撞到路墩」就知道了。

❸ 到處都有車子，拿把尺出去量量看吧。

❹ 高速行駛時，即使沒有撞到減速坡也很容易失控。車手亨尼柯特（Joey Huneycutt）時速高達220英里的撞車慘劇，害他的愛車「大黃蜂」燒成一堆廢鐵。

如果強迫車子不離地，在這麼快的車速下，風力可能會掀掉引擎蓋、側板、車窗。車速更快的話，車子本身會四分五裂，甚至可能焚毀，就像「太空船重返大氣層」那樣。

終極速限是多少？

在美國賓州，駕駛人收到的超速罰單，可能會每超速 1 英里就多罰 2 美元。

所以呢，如果你以 90% 的光速開車經過費城的減速坡，除了摧毀城市之外……

……你將會收到將近 1.4 億美元的天價超速罰單。

迷途的永生者

Q.如果有兩個長生不老的人，分別待在無人居住的類地行星相反兩側，要花多久的時間，這兩個人才能找到對方？十萬年？一百萬年？一千億年？

——伊森．雷克（Ethan Lake）

A.我們先從簡單且具物理學家風格[1]的答案開始說起：三千年。

假設兩人在星球上隨意走動，每天走 12 小時，並且在相隔 1 公里以內才看得見對方，那兩人差不多要花三千年的時間才能找到對方。

❶ 假設在星球真空的表面上，有個長生不老的物理學家……

我們馬上看出這模式有一些問題[2]。最簡單的問題就是假設「如果有人進入你所在地的方圓 1 公里內，你總是可以看到他們」。只有在最理想的情況下，這種假設才有可能成立；人若沿山脊行走，也許在 1 公里以外就清楚可見了，但若是在暴雨傾盆的茂密森林裡，兩人可能僅相距幾公尺錯身而過，卻仍看不見對方。

我們可以試著計算地球上所有地方的平均能見度，但接下來又遇到另一個問題：兩個想要找到彼此的人，為什麼要在茂密的叢林裡浪費時間？對於這兩個人來說，待在平坦、開放的地方，可以很容易看見對方且被對方看見，這樣似乎比較說得通[3]。

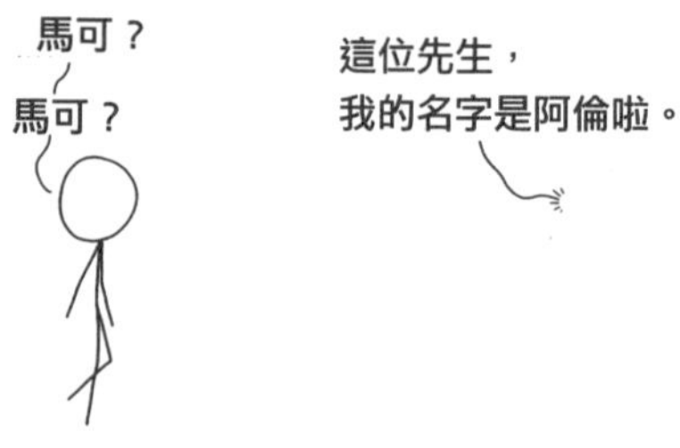

一旦開始考慮這兩人的心理狀態，我們的「真空星球表面的永生者模式」就出問題了[4]。我們幹嘛要假設人家是隨意走動？最佳策略應該要與此截然不同才行。

對於我們「迷途的永生者」來說，什麼樣的策略最有意義？

如果有時間事先規劃，那就好辦多了。他們可以約在北極或南極碰面，或是在陸地上的最高點（萬一到不了南、北極的話），或是在最長的那條河的河口。如果意見不合，乾脆就在所有的選項之間任意遊走，每個都試試，反正他們有用不完的時間。

如果沒有機會事先溝通，事情就有點難辦了。如果不知道對方的策略，你怎麼知道該採取什麼策略？

在沒有手機的年代，有個古老的謎題大致是這麼說的：

假設你要去美國的某個小鎮和朋友碰面，而你和朋友都沒有去過那裡。你們沒有機會事先安排碰面的地點。請問你該何去何從？

謎題的作者建議，合理的解決辦法應該是去鎮上的郵政總局，然後在主要的收信窗口等人，因為外埠的包裹都會送去那裡。作者的邏輯是：郵局是唯一美國每個城鎮都會有的地方，而且大家應該都知道去哪裡找到郵局。

對我來說，那樣的論點似乎不太有說服力。更重要的是，在實驗上根本站不住腳。我拿這問題問了一些人，沒有人提議去郵局。謎題的原作者應該還在郵件收發室裡，一個人痴痴的等著。

我們「迷途的永生者」更慘，因為他們待在行星上，卻完全不了解行星的地形。

「沿海岸線走」似乎是明智的對策。人大多生活在水的附近，而且沿某條線搜尋，比在平面上搜尋快多了。萬一你猜測錯誤，和先搜尋內陸地區比起來，浪費的時間也不會太多。

根據典型地球陸塊的「寬度／海岸線長度」比值，繞著普通大小的陸地走一圈大約要五年。[5]

---

❷ 例如，其他人去哪了？大家都沒事吧？

❸ 不過，「計算能見度」聽起來確實很好玩。我知道下星期六晚上要做什麼事了！

❹ 這就是為什麼我們通常盡量不考慮這樣的事情。

❺ 當然，有些地區頗具挑戰性。美國路易斯安納州的海灣、加勒比海的紅樹林、挪威的峽灣，這些地方走起來會比一般的海灘來得慢。

我們不妨假設，你和另一個人都在同一塊陸地上。如果你們兩人都沿逆時針方向走，可能會永遠兜著圈子、找不到對方。那可不行。

另一種方法是逆時針方向繞完整整一圈，然後拋硬幣。如果正面朝上就逆時針方向再繞一圈。如果反面朝上就改成順時針方向。如果你們兩個都遵循同樣的法則，極有可能繞個幾圈就相遇了。

假設兩人都用同樣的法則，這想法可能太樂觀了。所幸還有更好的解決辦法：把自己當成螞蟻。

以下是我遵循的法則：

（萬一你跟我在某行星上迷路的話，要記得這件事喔！）

如果你毫無頭緒，那就隨便亂走，用石頭做記號留下線索，每塊石頭都指向下一塊石頭。每走一天休息三天。偶爾在石堆旁邊標示日期。你要怎麼做都沒關係，只要做法一致就好。你可以在石頭上鑿出天數，也可以把石頭擺成數字。

如果你碰到以前沒見過的新線索，趕快跟著線索走。如果把線索跟丟了，請繼續再留下自己的線索。

你不需要剛好到達另一個人目前的位置，只要經過他曾去過的地方。你們還是可以兜圈子互相追尋，而只要你跟蹤線索的動作快過留下線索的動作，不出幾年或幾十年，你們就會找到彼此。

如果你的同伴不合作（說不定他一直坐在起點等你），那你就有機會看到一些新奇的事物啦。

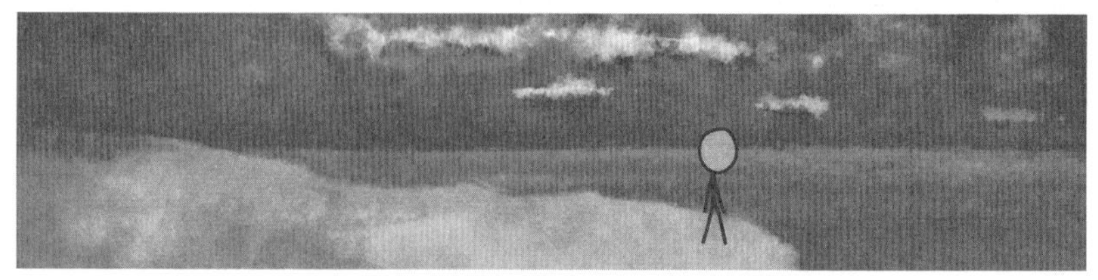

軌道速率

Q. 太空船重返大氣層時，如果利用「火星空中吊車」之類的火箭助推器來減速，減到時速只有幾公里，那會怎樣？是不是就不需要防熱板了？

——布萊恩（Brian）

Q. 太空船有沒有可能經由控制重返大氣層的過程，來避免大氣的壓縮，這樣一來，太空船外側是否就不需要昂貴（且相當脆弱）的防熱板了？

——克里斯多佛．馬洛（Christopher Mallow）

Q. 小型酬載火箭能不能升空至大氣層高處，而在這個高度只需要小火箭就能達到脫離速度？

——肯尼．凡．德馬勒（Kenny Van de Maele）

A. 這些問題的答案都取決於同樣的觀念。我在其他答案中曾經提過這個觀念，但現在我要專門來談一談：

軌道難以到達，並不是因為太空很高。

軌道難以到達，是因為你的速率必須非常快。

太空並不是像次頁圖這樣：

未按實際比例。

太空其實是像這樣：

你知道的嘛，沒錯，這是按實際比例畫的。

太空差不多在 100 公里以外之遠。好遠啊，我可不想拿把梯子爬到太空去，但太空並沒有「那麼」遠。如果你人在沙加緬度、西雅圖、坎培拉、加爾各答、海得拉巴、金邊、開羅、北京、日本中部、斯里蘭卡中部、波特蘭，其實太空比大海還近。

上太空很容易[1]。倒不是說開車就到得了，但挑戰也不算太艱巨。靠電線桿般大的火箭，便能把人送上太空。X-15 試驗機僅是飛得超快、然後往上一拉，就到達太空了[2,3]。

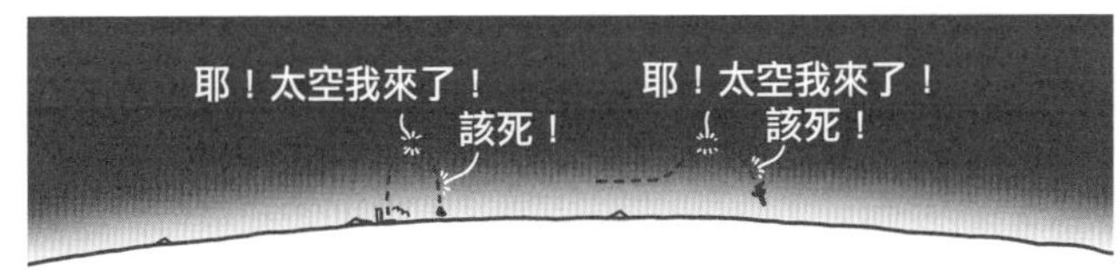

今朝赴太空，返回亦匆匆。

不過，「送上」太空很簡單，「停留」在太空才是問題。

低軌道上的重力，幾乎和地面上一樣強，完全擺脫不了地心引力的作用；太空站受到的引力大約是地面上的 90%。

為了避免掉回大氣層，切線速率必須非常非常快。

停留在軌道上所需要的速率，大約是每秒 8 公里[4]。火箭的能量中，只有一小部分用來上升至大氣層，其餘絕大部分的能量，是用來達到足夠的切線速率（軌道速率），以保持在軌道上。

這正是進入軌道的最重要核心問題：**與達到軌道高度相比，達到軌道速率需要更多更多的燃料**。太空船若想達到 8 公里／秒的速率，需要很多的助推火箭。達到軌道速率就夠困難了；達到軌道速率、同時又攜帶足夠的燃料以便回程時減速，這個想法根本不切實際[5]。

---

❶ 具體來說是低軌道，這就是國際太空站（Internationl Space Station，ISS）所在的高度，也是太空梭到得了的高度。

❷ X-15 試驗機曾經兩度達到 100 公里的高度，都是由飛行員沃克（Joe Walker）駕駛的。

❸ 請務必記得是往上拉而不是往下，不然你就完蛋了。

❹ 如果是在低軌道的較高區域，速率會稍微低一些。

❺ 「呈指數增加」是火箭學的核心問題：每加速 1 公里／秒所需要的燃料，約為「重量乘以 1.4」。為了進入軌道，你需要加速至 8 公里／秒，這代表你需要大量燃料：
1.4×1.4×1.4×1.4×1.4×1.4×1.4×1.4 ＝太空船原始重量的十五倍。
若利用火箭來減速，又會遇到同樣的問題：「每減速 1 公里／秒所需要的燃料，為「初始質量乘上 1.4」。所以如果你想一路減速到 0，然後緩緩進入大氣層，所需要的燃料也是總重量的十五倍。

如此離譜的燃料需求，正是每次太空船進入大氣層時，寧可用防熱板而不是用火箭來減速的緣故——最實用的減速方法就是「一頭栽進空氣裡」。在此先回答布萊恩的問題：好奇者號火星探測器也不例外；雖然好奇者號利用小型火箭進行近地面盤旋，但一開始則是利用氣制作用（大氣煞車法）來卸除大部分的速率。

8 公里／秒到底是多快？

我認為，這些議題令人困惑不已的原因在於：太空人在軌道上移動時，似乎沒那麼快；太空人看起來彷彿是在藍色的大彈珠上緩緩飄移。

不過，8 公里／秒可說是極度的快。若你在接近日落時分仰望天空，可能偶爾會看到國際太空站飛越天際……然後，過了 90 分鐘，又會再次看到 ISS 飛過[6]。在這 90 分鐘裡，ISS 已經繞了地球整整一圈。

ISS 移動得多快呢？如果你持步槍在足球場[7]的一端擊發，子彈才剛飛出去 10 公尺，人家 ISS 早已飛越整座足球場了[8]。

想像一下，如果你以 8 公里／秒的速率在地球表面「快速競走」，看起來會是什麼樣子。

為了讓你對飛快的步伐更有感覺，我們不妨利用歌曲的節拍來表示時間的進行[9]。假設你開始播放普羅克萊門兄弟（The Proclaimers）1988 年的歌曲「我想成為（500 英里）」〔I'm Gonna Be（500 Miles）〕。這首歌的節拍大約是每分鐘 131.9 拍，所以你可以想想看，每唱一拍，你就向前移動 3 公里以上的狀況。

唱完副歌的第一句，你已經可以一路從自由女神像走到布朗克斯區了。

你的移動速率大約是「每分鐘 15 個地鐵站」。

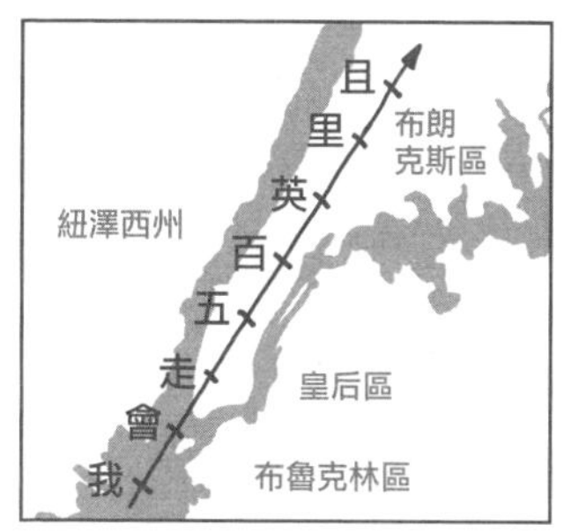

若要橫渡倫敦與法國之間的英吉利海峽，你差不多得唱兩句副歌（16 拍）才行。

這首歌的長度產生了奇特的巧合。「我想成為」開頭和結尾之間的間隔是 3 分 30 秒，而 ISS 的移動速率為 7.66 公里／秒。

這意味著，如果 ISS 的太空人在聽「我想成為」這首歌，從第一拍聽到最後一句的這段時間裡……

……ISS「正好」飛行了 1000 英里。

❻ 有一些不錯的應用程式及線上工具，對於觀看太空站及其他的人造衛星很有幫助。

❼ 英式足球場或美式足球場都可以。

❽ 這類遊戲對澳式足球來說是合法的。

❾ 利用歌曲節拍來輔助測量時間的進行，這種技巧也用於 CPR（心肺復甦術）訓練，此時所用的歌曲是比吉斯（Bee Gees）合唱團的金曲「活下去」（Stayin' Alive）。

聯邦快遞的頻寬

Q. 什麼時候（如果真有那麼一天）網際網路的頻寬才能超越聯邦快遞的頻寬？

——約翰．歐布林克（Johan Öbrink）

千萬別低估裝滿磁帶的旅行車在公路上飛馳的頻寬。

——電腦專家安德魯．譚寧邦（Andrew Tanenbaum），1981

A. 如果你想傳輸幾百個 GB（十億位元組）的資料，用聯邦快遞（FedEx）來寄送硬碟，通常比用網際網路傳輸檔案更快。這不是什麼新點子，連谷歌（Google）內部傳輸大量資料時也用這招，常戲稱這是「跑腿網路」（SneakerNet）。

但「跑腿網路」會一直都比較快嗎？

據思科（Cisco）估計，目前網際網路的平均總流量是每秒 167Tb（兆位元）。聯邦快遞機隊擁有 654 架飛機，空運能力為每天 1,200 萬公斤。筆記型電腦的固態硬碟重約 78 克，可容納資料多達 1TB（兆位元組，1TB ＝ 8Tb）。

也就是說，聯邦快遞每天的資料傳輸能力是 150EB（1EB ＝

10^6TB），或每秒 14Pb（1Pb = 10^3Tb），幾乎是目前網際網路流量的一百倍。

如果你不在乎成本，這個能裝 10 公斤的鞋盒可以容納很多的網際網路資訊。

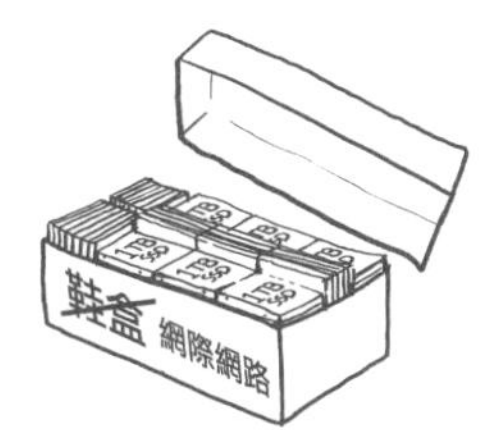

高階筆記型電腦磁碟：136 部
儲存量：136TB
價格：13 萬美元
（外加 40 美元附贈鞋子一雙）

使用 MicroSD 記憶卡的話，還可以進一步提升資料密度：

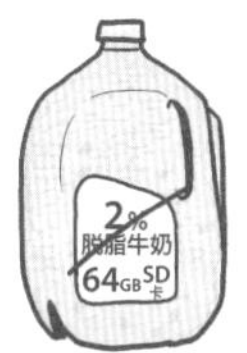

MicroSD 記憶卡：25,000 片
儲存量：1.6PB
零售價格：120 萬美元

這些記憶卡比指甲大不了多少，儲存密度卻高達每公斤 160TB，也就是說，裝滿 MicroSD 記憶卡的聯邦快遞車隊，每秒可傳輸約 177Pb，或每天 2ZB（1ZB = 10^9TB）——相當於網際網路目前流量水準的一千倍。（基礎設施應該會很有看頭——谷歌恐怕得建造龐大的倉庫，才能進行巨量的記憶卡處理作業。）

據思科預估，網際網路流量每年約增長 29%。以這樣的增長率，網際網路可望在 2040 年趕上聯邦快遞的水準。當然啦，到那個時候，磁碟可容納的資料量也會增加。真正達到聯邦快遞水準的唯一辦法，就是傳輸速率的增加比儲存容量的增加快很多。憑直覺判斷，這似乎不太可能，因為儲存與傳輸基本上是結合在一起的（資料總是在不同介面上來來去去），確切的使用形態誰也無法預料。

儘管聯邦快遞這麼強大，足以跟上未來幾十年的實際使用量，但在技術上，我們沒有理由不能建造出打敗聯邦快遞頻寬的連結。某些實驗性的光纖束每秒可處理 1Pb 以上的資料，只要有 200 組那樣的光纖束（姑且稱為 Pb 電纜），應該就可以打敗聯邦快遞了。

如果雇用全美國的貨運業來幫你運送 SD 記憶卡，資料流通量可以達到每秒 500Eb（500,000Pb）的水準。「數位傳輸率」想拚過「貨運傳輸率」的話，要有 50 萬組的 Pb 電纜才行。

因此結論是，以聯邦快遞的原始頻寬而言，網際網路可能永遠贏不了「跑腿網路」。然而，若使用頻寬「近乎無限」的聯邦快遞式網際網路，付出的代價將會是花費 8 千萬毫秒在執行 ping 指令[1]。

❶ 譯注：ping 為網路測試指令，可測出封包往返時間，ping 指令執行的時間愈長，表示網路反應時間愈長，一般合理範圍約為 20 毫秒至 60 毫秒。

自由落體

Q. 從地球上的哪個地方跳下來，落下時花的時間最久？又如果穿「飛鼠裝」跳呢？

——達許．史利瓦撒（Dhash Shrivathsa）

A. 地球上垂直落差最大的地方是加拿大索爾山的絕壁，它的形狀就像這樣：

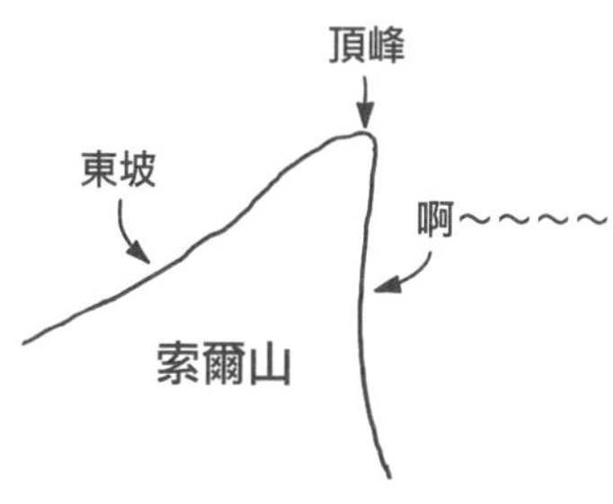

圖片來源：啊～～～～～～～～～～～～～～～～～～～～～～～～～～～～～～～～～～～～～～
～～～

為了讓場面沒那麼恐怖，我們姑且假設懸崖下有個坑，裡頭裝滿鬆鬆軟軟的東西（例如棉花糖），好讓你能安全的「煞車」、降落。

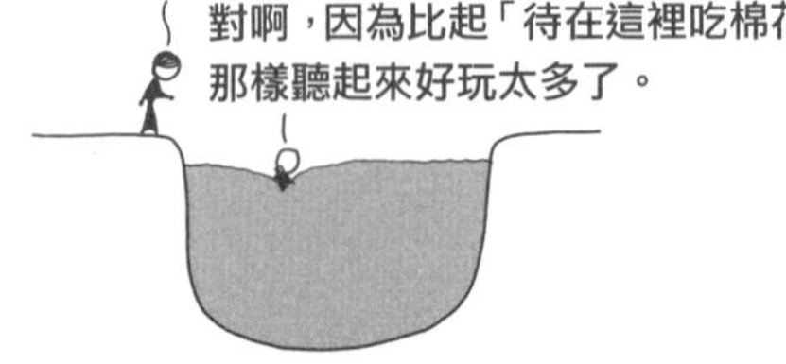

這招管用嗎？敬請密切期待續集……

若以「大字擺開」的姿勢在此墜落，終端速度差不多是每秒 55 公尺。而前幾百公尺要用來加速，所以「從頭掉到尾」得花上 26 秒再多一點點的時間。

26 秒能做什麼事？

首先，這段時間夠你一路闖過第一代「超級瑪利歐世界」的第一級第一關了（假設你時間抓得剛剛好，而且爬水管抄捷徑的話）。

26 秒也夠你錯過一通電話。美國 Sprint 電話公司的響鈴週期（轉入語音信箱之前的電話響鈴時間）是 23 秒[1]。如果有人打手機找你，且在你一跳下去時手機就開始響，在你抵達山底的前 3 秒，手機就會轉到語音信箱。

很抱歉錯過您的來電，
不過如果您站在索爾山
的山腳下，
我很快很快就會回覆。

另外，如果你從 210 公尺高的愛爾蘭莫赫懸崖往下跳，墜落的時間只有 8 秒鐘而已（或稍微多一點，如果上升氣流較強的話）。這段時間並不是太久，但根據譚江[2]的說法，只要有適當的真空抽引系統，這段時間應該足以抽乾你全身的血液。

目前為止，我們都假設你是垂直落下。但不一定非這樣不可。

即使沒有任何特殊裝備，技巧高超的花式跳傘選手一旦達到全速，也能以將近 45 度的角度滑翔。若能從懸崖底部滑翔而去，想必可以大大延長降落的時間。

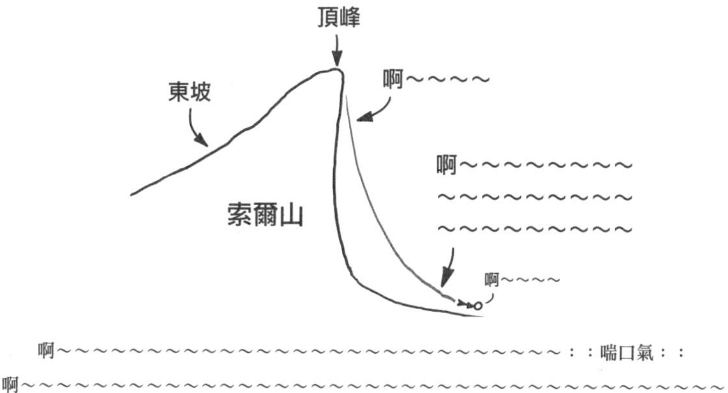

究竟能滑翔多遠？這很難說；除了當地的地形之外，很大程度取決於你穿什麼衣服。正如維基百科對於「低空跳傘」（BASE jumping）紀錄的注解：

> **未穿飛鼠裝的最久〔降落時間〕紀錄很難找到，因為自從推出更先進的……服裝以來，牛仔褲和飛鼠裝之間的界限已經模糊不清了。**

上面這段話提到了「飛鼠裝」（wingsuit），這是一種介於降落傘褲與降落傘之間的飛行裝。

飛鼠裝能讓你的降落變慢很多。有一位飛鼠裝跳傘員公布了一系列「縱身跳下」的追蹤數據。數據顯示，在滑翔時，飛鼠裝能使下降速率減慢到每秒 18 公尺——這比每秒 55 公尺好太多了。

如此一來，即使不管水平方向的飛行，降落時間也可延長至

---

❶ 若要計時一較高下，華格納歌劇《尼伯龍根的指環》長度為 23 秒的 2,350 倍。

❷ 譯注：譚江（River Tam），美國科幻影集「螢火蟲」（*Firefly*）的角色之一。

1 分鐘以上。這麼久，都夠下盤棋了。唱完 REM 合唱團的「我們知道這就是世界末日」（It's the End of the World as We Know It）第一段也綽綽有餘，再接著唱辣妹合唱團的「我想要」結尾最後一句，時間恐怕就不太夠了。

所以讓我把整件事情
從頭到尾說清楚
如果你想要跟我在一起
你就注意聽。[3]

如果把更高的懸崖也算進去，再加上水平滑翔的話，時間還可以更久。

有很多山脈或許可以讓飛鼠裝飛行達到相當長的時間。例如巴基斯坦的南迦帕爾巴特峰，它在一個相當陡的角度上，有超過 3 公里的落差。（出乎意料的是，飛鼠裝在如此稀薄的空氣下居然還管用，不過跳傘者需要自備氧氣，而且滑翔時會比平常稍微快一些。）

到目前為止，「飛鼠裝低空跳傘」時間最久的紀錄保持人是波特（Dean Potter），他從瑞士的艾格峰一躍而下，飛行了 3 分 20 秒。

3 分 20 秒可以拿來做什麼？

如果我們有辦法找來世界上最頂尖的大胃王切斯那特（Joey Chestnut）和小林尊。而且我們能讓他們一邊吃東西、一邊穿著飛鼠裝全速滑翔，那麼從艾格峰跳下來直到落地前，理論上兩人可以聯手吃掉多達 45 份熱狗……

……如此的壯舉，最起碼能為他們贏得有史以來最奇特的世界紀錄。

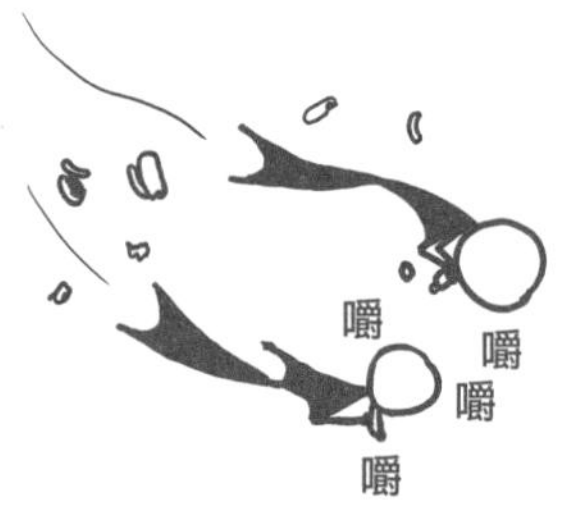

❸ 編注：辣妹合唱團的「我想要」（Wannabe）歌詞。

「What If ？」收件匣收到的，稀奇古怪（且令人憂心）的問題，#9

Q. 如果把自己沉入游泳池裡，能躲得過海嘯嗎？

—— 克里斯・沐斯卡（Chris Muska）

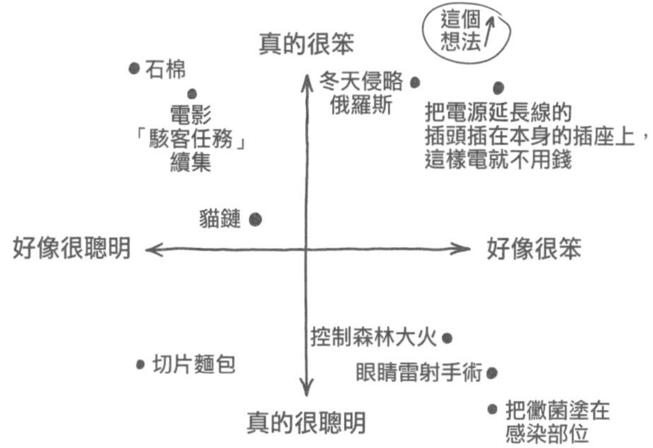

Q. 如果你跳傘時降落傘失靈，但你身上剛好帶著質量、張力等等都恰到好處的彈簧玩具（Slinky），要是握緊彈簧玩具，並把另一端向上拋，這樣有可能救自己一命嗎？

—— 瓦拉達拉金・斯里尼瓦桑（Varadarajan Srinvasan）

萬箭齊發遮天蔽日

Q. 在電影「300壯士：斯巴達的逆襲」裡，有一幕萬箭齊發射向天空，場景看起來彷彿遮天蔽日。這有可能嗎？要用掉多少支箭才行？

——安娜．紐維爾（Anna Newell）

A. **這很難辦得到。**

試驗一

長弓箭手每分鐘能射出 8 到 10 支箭。用物理學術語來說，長弓箭手可說是頻率為 150 毫赫茲的「發箭機」。

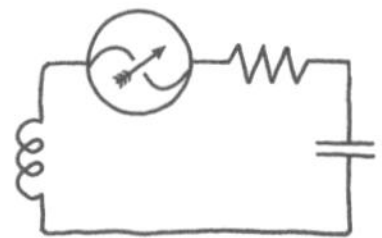

每支箭待在空中的時間只有幾秒鐘。如果一支箭待在戰場上空的平均時間是 3 秒，則在任何時間內，幾乎一半的弓箭手，都有箭在空中飛。

每支箭可擋住約 40 平方公分的陽光。由於弓箭手有箭在空中飛的時間只有一半，所以每支箭平均擋住 20 平方公分的陽光。

如果弓箭手一列列排排站，每公尺站 2 位弓箭手、每列間隔 1.5 公尺，且弓箭手軍團的縱深為 20 列（30 公尺），則每公尺的寬度之內……

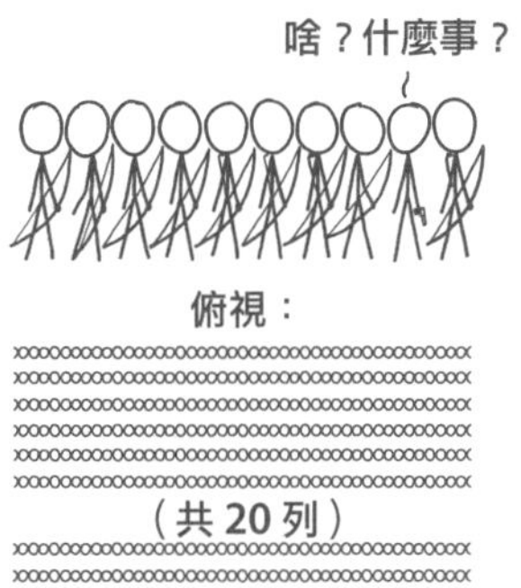

……將會有 18 支箭在空中飛。

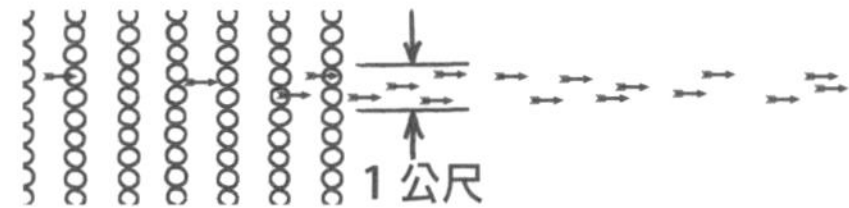

18 支箭只能遮擋射程中約 0.1%的陽光。還要再改善才行。

試驗二

首先，我們可以把弓箭手排得更緊密。如果弓箭手站在一起的密度，有如演唱會前排「搖滾區」中非常擁擠的群眾[1]，那每平方

❶ 根據經驗法則：每平方公尺站 1 人是稍擠，每平方公尺站 4 人就算是非常擁擠。

公尺的弓箭手，人數可以翻三倍。當然啦，這樣射起箭來很彆扭，但我敢肯定，弓箭手會想辦法解決的。

我們還可以把射箭縱隊擴充成縱深 60 公尺，達到每公尺站 130 位弓箭手的密度。

弓箭手射箭能快到什麼地步？

2001 年「魔戒首部曲：魔戒現身」電影加長版中有個場景，一群半獸人[2]向勒苟拉斯發動攻擊，勒苟拉斯迅速抽出燃燒的箭連續發射，箭無虛發，襲擊者來一個射倒一個。

飾演勒苟拉斯的演員奧蘭多．布魯，沒辦法真的射箭射那麼快，他其實是拿著空的弓「乾射」，箭都是利用 CGI 動畫加上去的。在觀眾看來，這樣的發箭速率快得令人瞠目結舌、難以置信，因此這很適合當成我們計算箭速的上限。

姑且假設我們可以訓練弓箭手，讓每個人都能達到勒苟拉斯的發箭率：8 秒內射出 7 支箭。

如此一來，在每公尺的寬度之內，弓箭手縱隊將射出不可思議的 339 支箭，卻還是只能遮擋射程中 1.56%的陽光。

試驗三

讓我們把弓全部收起來吧，改發給弓箭手一人一把格林機砲式「連續發箭機器弓」。如果這些機器弓每秒能發射 70 支箭，那每 100 平方公尺的戰場上，總共會有高達 110 平方公尺的箭！這簡直太完美了。

但是有一個問題。雖然箭的總截面積是 100 平方公尺，但有些箭的影子會互相重疊。

若要算出地面受大量的箭覆蓋的比例（有些箭互相重疊），計算公式如次頁：

$$\left(1-\frac{\text{箭的面積}}{\text{地面的面積}}\right)^{\text{箭的數目}}$$

布滿 110 平方公尺的箭，只能遮蓋三分之二的戰場。由於我們眼睛判別亮度是根據對數尺度，所以太陽的亮度若減為正常值的三分之一，看起來只會稍微變暗而已；絕對不會有「遮天蔽日」的效果。

但是，只要發箭率再誇張一點就辦得到。如果機器弓每秒射出 300 支箭，這麼多箭對於照到戰場的陽光，可以遮擋住 99%。

但有一個更簡單的方法。

試驗四

之前一直沒有明說，我們都假設太陽是當頭直射；電影裡就是這樣演的。但這句著名的吹牛臺詞，或許是基於「拂曉攻擊計畫」而說的。

如果太陽低低的位於東方地平線上，而弓箭手都向北發箭的話，陽光就必須穿越整個箭列，有機會使陰影效應翻升千倍。

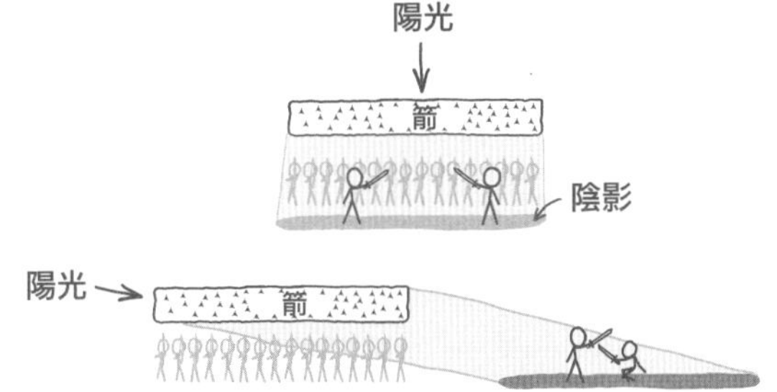

---

❷ 嚴格說起來，他們是強獸人，不是典型的半獸人。強獸人的確切特性與來源有點複雜。《魔戒》的作者托爾金暗示，強獸人是由人類與半獸人雜交而生的。然而，在《失落傳說之書》（*The Book of Lost Tales*）中發表的較早文稿裡，托爾金卻暗示強獸人早已從「地表底下的高熱與黏液」中誕生。當導演彼得．傑克森在決定如何把強獸人搬上螢幕時，很明智的選擇了較晚的版本。

當然，此時箭不會瞄準敵人大軍。但平心而論，人家只說箭會遮天蔽日而已，可從沒說過要射中任何人哩。

不過誰知道呢？說不定為了對付適當的敵人，這就是他們所需要的。

海洋排光光

Q．如果在查倫格海淵底部，挖一個半徑 10 公尺的圓形排水口，讓海水經由「蟲洞」排向太空的話，海水流出的速率會有多快？隨著海水不斷流失，地球會變成什麼樣子？

——泰德．M（Ted M）

A．有件事我想先說明一下：

根據我的粗略計算，如果有一艘航空母艦沉沒，正好又卡在這個排水口的話，水壓很容易就會把航空母艦折斷、吸進排水口。很酷吧？！

這個排水口要通到多遠的地方才好？如果我們把出水口擺在地球附近，海水就會落回大氣層。海水落下時會增溫並轉變成蒸氣，蒸氣會凝結成雨、直接落回海裡。單是輸入大氣層的能量，就跟高層的巨大蒸氣雲一樣，會釀成各式各樣的氣候浩劫。

所以我們還是把海洋的出水口擺遠一點——比方說，擺在火星上面好了。（其實，我提議把出水口擺在好奇者號火星車的正上方；

這麼一來，我們就終於有了無庸置疑的證據，證明火星表面存在液態水。）

這樣一來，地球會發生什麼事？

沒什麼事。因為海洋裡的海水要排光光，實際上需要幾十萬年的時間。

儘管排水口比籃球場還寬，而且水在強大的水壓下以驚人的速率流出，但海洋實在太大了。一開始排水時，水位下降每天還不到 1 公分。

水面甚至連個很酷的漩渦也沒有——因為開口太小、海洋太深。（浴缸要等到水排出一半以上才會有漩渦，也是同樣的道理。）

我們不妨假設，為了加快排水的速率，我們挖了更多的排水口[1]，所以水位開始降得比較快了。

來看看世界地圖會有怎樣的變化。地圖一開始看起來像這樣：

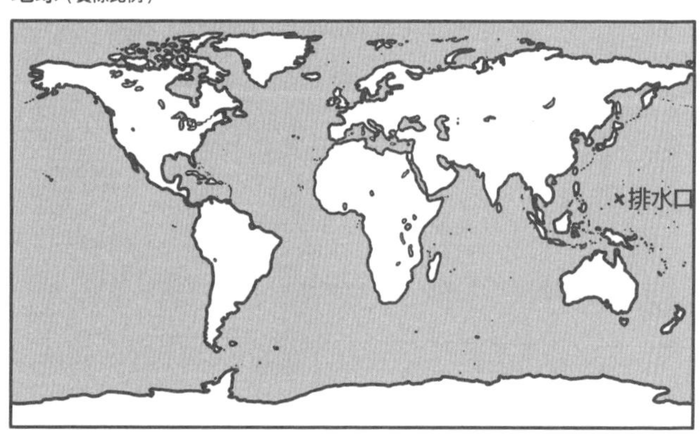

本地圖以「可利投影法」（Plate Carrée projection，參考 xkcd.com/977）製作。

海水下降 50 公尺後，地圖看起來像次頁這樣：

50 公尺

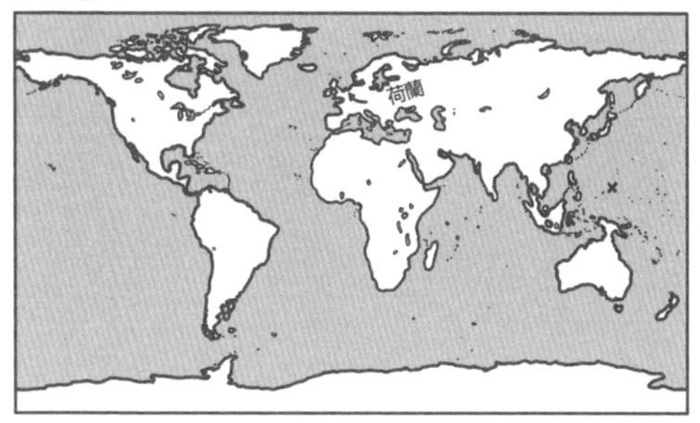

這兩張圖非常相似，但已有一些小小的變化。斯里蘭卡、新幾內亞、英國、爪哇與婆羅洲，現在都和鄰國連在一起了。

兩千年來不斷與海爭地的荷蘭，地勢終於變得又高又乾爽。荷蘭人的生活不再頻頻遭受洪水氾濫威脅，有餘暇可以把精力用在向外擴張上，他們立即傾巢而出，對新近露出來的土地宣示主權。

100 公尺

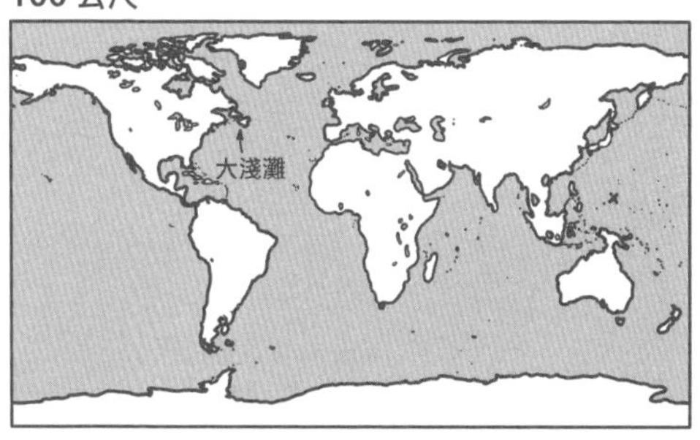

當海平面達到負 100 公尺時，加拿大新斯科細亞省的外海露出巨大的新島嶼——這就是之前大淺灘的所在。

❶ 切記，別忘了每隔幾天就要清理超龐大的濾網。

你可能開始注意到有些地方不太對勁：並非所有的海洋都在萎縮。例如黑海只縮小了一點點，然後就維持原狀了。

這是因為這些水體不再與海洋相連。隨著水位下降，太平洋中有些盆地中斷了水的流出。根據海床的細部構造，流出盆地的水也許會鑿出更深的水道，讓水能繼續流出，但大多數的盆地終將遭到陸地包圍而停止排水。

200 公尺

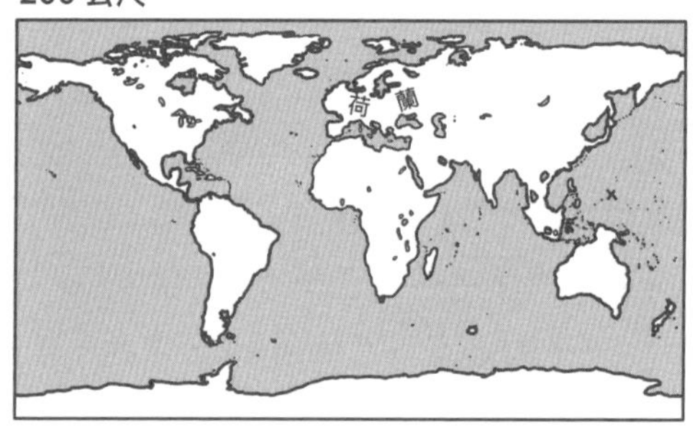

水位下降 200 公尺後，地圖開始愈看愈奇怪。新的島嶼不斷出現，印尼變成好大一坨，而荷蘭人現在控制了一大半的歐洲。

500 公尺

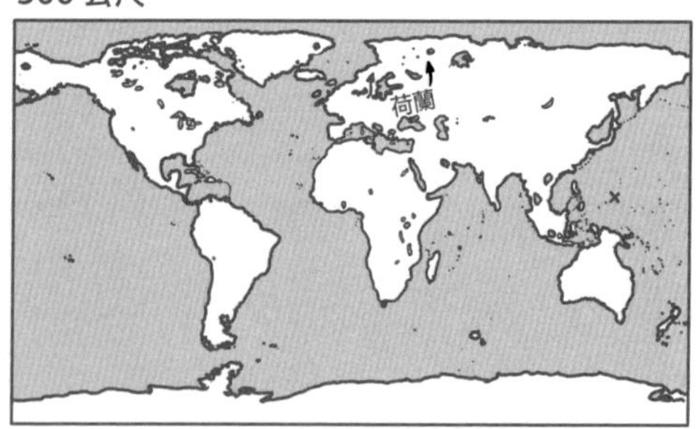

日本現在成了連接朝鮮半島與俄羅斯的地峽，紐西蘭多出新的島嶼，而荷蘭人向北擴張。

1 公里

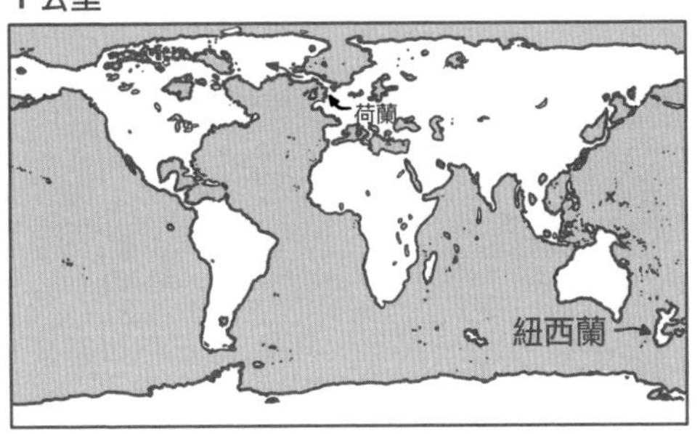

紐西蘭大幅成長。北冰洋遭到阻斷，水位因而停止下降。荷蘭人跨越新陸橋進入北美洲。

2 公里

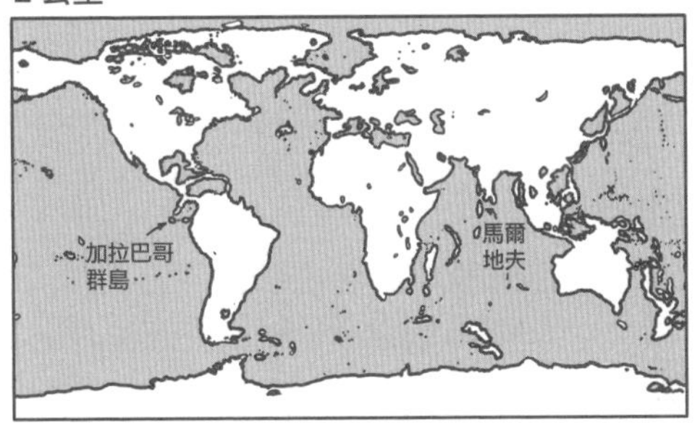

海水已經下降 2 公里了。新的島嶼左一個、右一個冒出來。加勒比海與墨西哥灣逐漸與大西洋失去連結。我根本看不懂紐西蘭到底在幹嘛。

3 公里

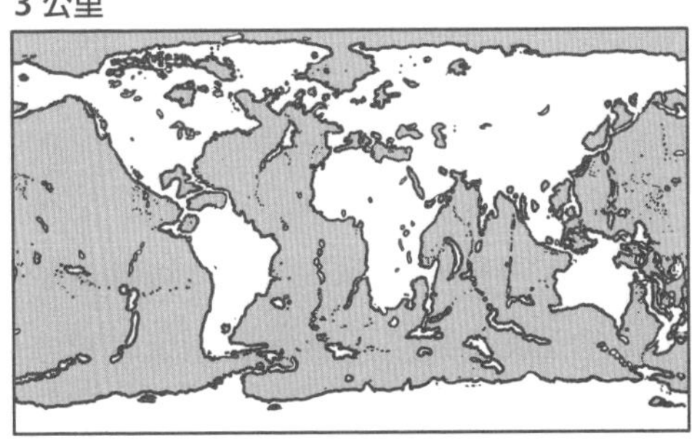

海水下降 3 公里後，許多中洋脊（世界上最長的山脈）的山峰突出海面。廣闊崎嶇的長條形新陸地紛紛出現。

5 公里

到了這時候，主要的海洋大多已不再相連且停止排水。各內海的確切位置與規模很難預測，這只是粗略的估計而已。

排光了

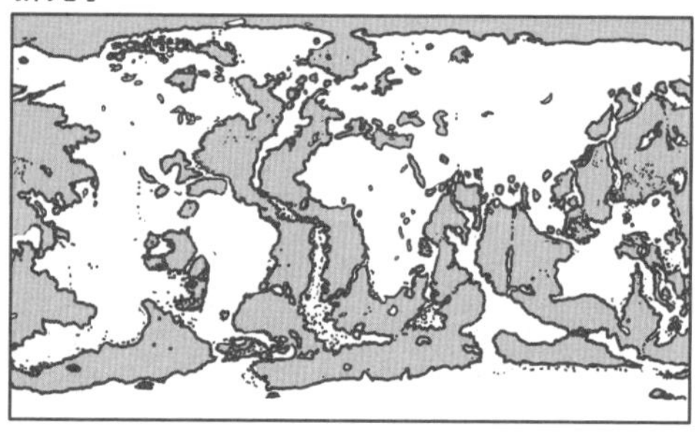

好不容易，能排出的海水都排掉了，最後的地圖看起來就是這個樣子[2]。剩下的海水多得驚人，雖然大部分都是很淺的海，但有些海溝的水深可達 4 或 5 公里。

把海洋抽掉一半，會使氣候與生態系統產生難以預料的巨幅變化。幾乎可以肯定的是，這最起碼會牽連到生物圈的瓦解，以及各個層面的物種大滅絕。

但人類有可能（雖然可能性不大）仍有辦法生存下去。如果我們真的能倖存，以下的情景指日可待：

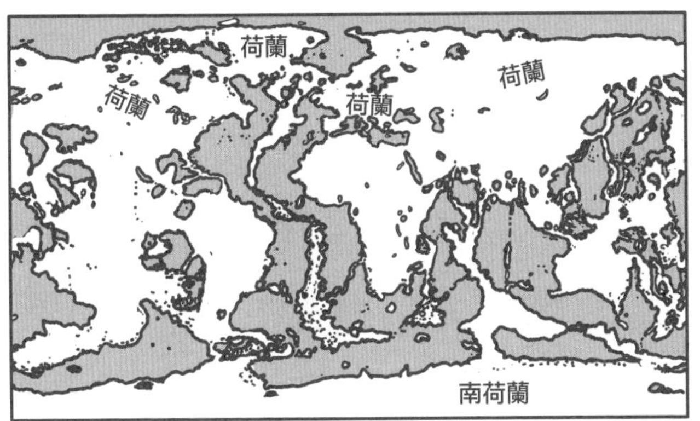

❷ 編注：更詳盡的大地圖，請見本書的書衣內封。

海洋排光光，Part II

Q. 假設海洋真的排光光，而且海水都傾倒在好奇者號火星車的車頂，隨著海水不斷累積，火星會變成什麼樣子？

——伊恩（Iain）

A. 上一道題目中，我們在馬里亞納海溝底部的查倫格海淵挖了一個排水口，讓海水流出。

我們不太在乎海水會排到哪裡去，於是我選了火星；好奇者號火星車正在努力尋找火星上有水的證據，所以我想讓火星車的任務輕鬆一點。

好奇者號火星車位於火星表面的蓋爾撞擊坑，那是個圓形的窪地，窪地中央有一座山峰，綽號叫做夏普山。

火星上有大量的水。問題是，水都凍結了。因為火星太冷而且空氣太稀薄，水無法維持液態很久。

如果在火星上放一杯溫水，水幾乎是瞬間「既沸騰又凍結兼昇華」。火星上的水似乎想要達到所有狀態，但就是不想成為液態。

不過，我們把海水倒得又多又快（水溫都略高於0℃），所以沒有太多時間進行凍結、沸騰或昇華。如果出水口夠大，蓋爾撞擊坑將會積水成湖，就像在地球上一樣。我們可以利用很棒的「美國地質調查局火星地形圖」來記錄水位的進展。

這是實驗一開始的蓋爾撞擊坑：

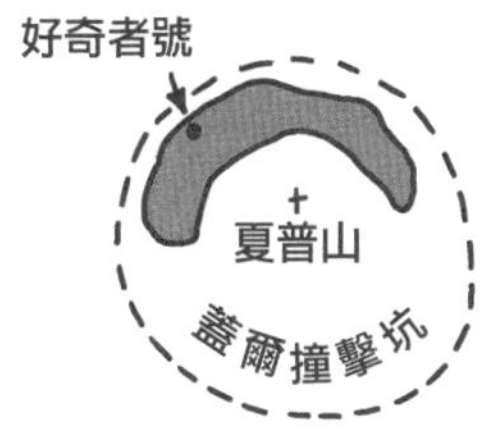

水不斷流進湖裡，把好奇者號淹沒在幾百公尺深的水中：

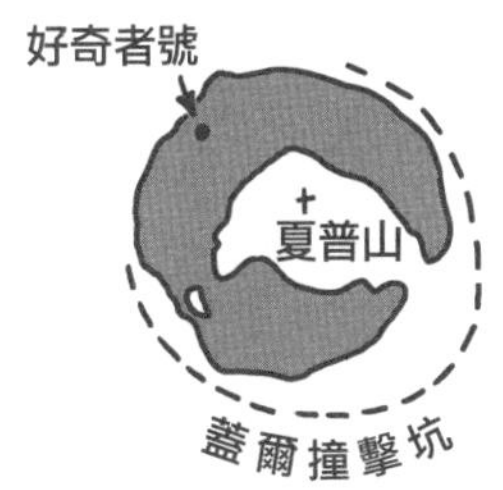

最後，夏普山變成了島嶼。不過，在山峰完全消失之前，水從撞擊坑的北緣溢了出來，開始穿越沙地四處流動。

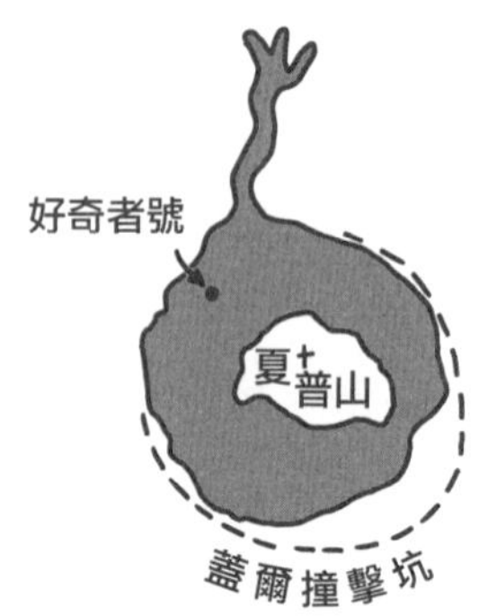

有證據顯示，由於三不五時的熱浪，火星土壤裡的冰有時會熔化成液體而流動。當這種情況發生時，涓涓細水很快就枯竭了，無法流得很遠。不過沒關係，反正我們有很多海水可以用。

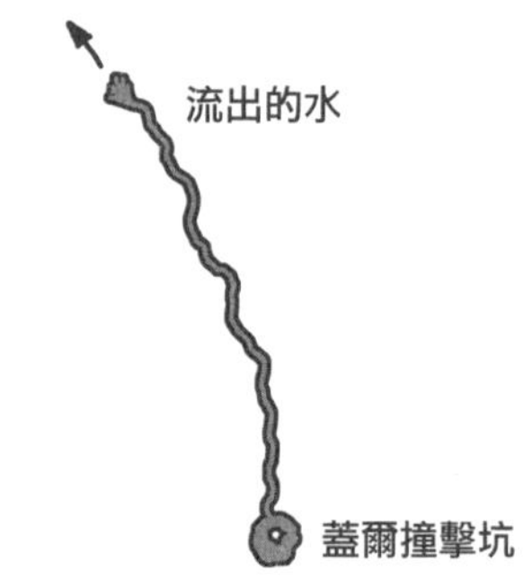

水灌進火星的北極盆地裡：

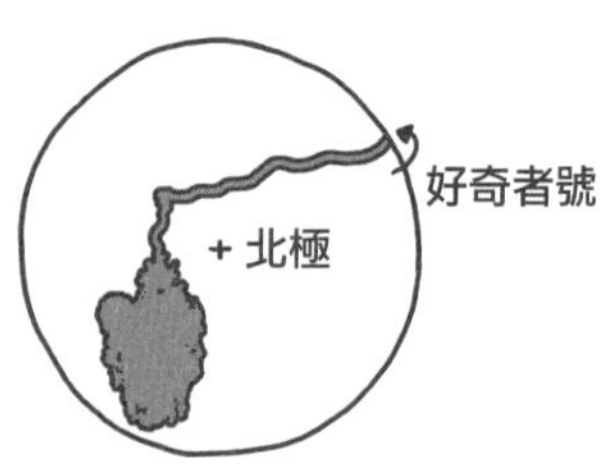

水漸漸把盆地填滿：

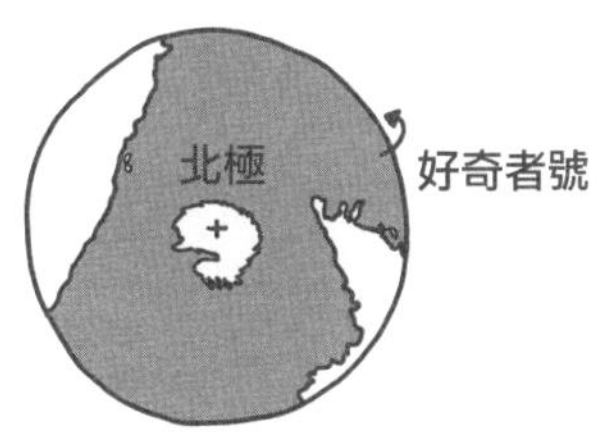

然而，我們如果來看火星赤道附近的地圖（赤道附近有火山），就會看到有很多陸地還離水很遠：

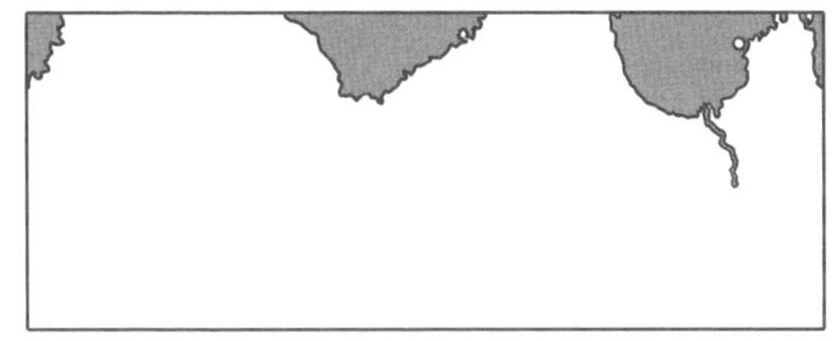

［麥卡托投影法；圖上沒有顯示出兩極。］

坦白說，我覺得這張地圖無聊死了；沒什麼看頭。只是一大片空曠的陸地，陸地上方有一點點海洋而已。

評價：兩顆星。以後不會再買。

此時我們離把地球海水排光光還差得很遠呢，儘管在前一題的答案中，到最後地球的世界地圖上還有很多大面積的海洋，但剩下的海都很淺，大部分的海水都不見了。

火星比地球小很多，因此同樣體積的水將會形成較深的海洋。

這時候水流進水手峽谷，形成一些不尋常的海岸線。地圖看起來沒那麼無聊了，但大的峽谷周圍產生了一些奇特的地形。

水現在流到精神號與機會號的所在地，把兩部火星車給吞沒了。最後，水湧入希臘撞擊坑，火星表面的最低點就在這個盆地裡。

在我看來，剩下的地圖愈來愈好看了。

隨著水在火星表面努力的擴散，地圖上也看到，火星的陸地分裂成好幾座大島嶼（以及數不清的小島）。

水很快淹沒了大部分高原，只剩下幾座島嶼。

然後，水終於不流了；因為地球上的海水已經排光光了。我們來仔細看一下主要的島嶼：

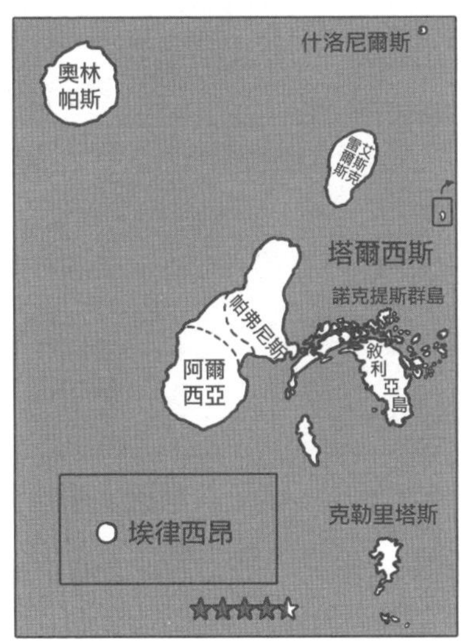

所有的火星車都淹沒了。

奧林帕斯山以及其他幾座火山仍高出水面。令人意外的是，這些山離「滅頂」還差很遠。奧林帕斯山仍然比新的海平面高出 10 公里以上，可見火星上的山脈有多麼大了。

那些古怪的島嶼，是水湧入諾克提斯迷宮（意為夜之迷宮）造成的，諾克提斯峽谷如迷宮般曲折，起源至今仍是未解之謎。

火星上的海洋沒辦法維持很久，也許會造成短暫的溫室效應，但火星終究太冷了，到最後海洋會完全結冰、遭塵土覆蓋，並逐漸往兩極的永久凍土遷移。

不過，這需要很長的時間，等到那時候，火星就會變得有趣多了。

仔細一想，既然有了現成的出入系統，讓我們可以在火星與地球這兩顆行星之間通行，那麼以下的後果恐怕是免不了的囉：

推特

Q. 獨一無二的英語推文可能有多少則？全世界的人要花多長時間，才能把全部的推文朗讀完？

—— 紐澤西州霍帕康的艾瑞克．H（Eric H, Hopatcong, NJ）

遙遠北國一個叫斯維鳩德的地方，有巨石聳立，高百里、寬百里。每隔千年有一雀鳥來此巨石磨礪其喙。然巨石盡皆磨平之時，僅消磨永恆中的一日。

——亨德里克．房龍（Hendrik Willem Van Loon）

A. 推文的長度為 140 個字元。英文有 26 個字母（或 27 個，如果空格也算的話）。若使用這 27 個字母，可能的字串就有 $27^{140} \fallingdotseq 10^{200}$ 種。

推特並沒有限制你只能用那些字元。所有的萬國碼（Unicode）你都可以玩，那就有超過百萬個不同的字元了。推特計算萬國碼字元的方法很複雜，但可能的字串數量多達 10^{800}。

當然啦，所有這些字串幾乎都是一堆無意義的字元，且是來自十幾種不同的語言。就算限制你只能用 26 個英文字母，也會有一大堆毫無意義的字串，例如「ptikobj」之類的。艾瑞克問的是「言之有物」的英語推文。那樣的推文會有多少？

這個問題很難回答。你的第一個念頭可能是只允許使用英文。然後，你可能會進一步規定，只能用文法正確的句子。

但這可就複雜了。例如，「Hi, I'm Mxyztplk」算是文法正確的句子，如果你的名字恰好是 Mxyztplk 的話。（但仔細一想，就算你說謊，這句話還是一樣文法正確。）把每段以「Hi, I'm ……」為開場白的字串都算成獨立的句子，顯然沒有意義。對於一般講英文的人來說，「Hi, I'm Mxyztplk」和「Hi, I'm Mxzkqklt」基本上沒什麼差別，不應該重複計算。但是「Hi, I'm xPoKeFaNx」和剛才那兩段字串肯定看得出來有所差別，儘管「xPoKeFaNx」怎麼看都不像是英文。

我們衡量「區別性」的方法似乎不太管用。所幸，還有更好的辦法。

想像有一種語言，只有兩個有效的句子，每則推文都必須是兩句中的其中一句。句子如下：

- 五號走道上有一匹馬。
- 我的房子充滿陷阱。

推特看起來就會像這樣：

訊息相當長，但都沒有什麼內容——這些推文只能告訴你，某人決定發送陷阱的訊息或是馬的訊息。這實際上就是 1 或 0。雖然訊息中有很多字母，但對於了解這種語言模式的讀者來說，每則推文的每個句子，傳達的資訊只有 1 個「位元」。

這個例子隱含了非常深奧的觀念，那就是資訊基本上與「接收者對於訊息內容的不確定性」及「接收者事先預測訊息的能力」息息相關。

現代資訊理論可說是數學家向農（Claude Shannon）一手創立的，向農有個巧妙的方法，可用來衡量某種語言的資訊內容。向農讓很多組的人看一些典型的英文句子，句子會任意中斷，然後要這些人猜猜下一個字母是什麼。

我們的城市正遭受資訊氾濫的威脅！

根據猜對的比例（以及嚴密的數學分析），向農判定典型英文句子的資訊內容為，每個字母 1 至 1.2 位元。也就是說，好的壓縮演算法應該能夠把 ASCII 英文文本（每個字母 8 位元）壓縮至原來的約八分之一。事實上，如果你用很好的檔案壓縮程式來壓縮電子書的文字檔（txt 檔），就會發現這樣的結果。

如果一段文字含有 n 位元的資訊，在某種意義上，這代表此段文字可傳達 2^n 種不同的訊息。這時候得用上一點數學招式，其中包括訊息的長度，以及所謂的「單一性距離」（unicity distance）。但基本上結論就是：有意義的不同英語推文，數量大約是 $2^{140 \times 1.1} \fallingdotseq 2 \times 10^{46}$，而不是之前所說的 10^{200} 或 10^{800}。

說了半天，全世界的人到底要花多長的時間，才能把這些推文讀完？

一個人要讀完 2×10^{46} 則推文，得花上將近 10^{47} 秒。推文的數量多得驚人，到底是一個人來讀還是十億人都來讀，根本無所謂了——就算用上地球生命的長度，推文數量還是幾乎原封不動。

倒不如，我們回過頭來思考那則「鳥於山頂磨礪其喙」的典故。假設小鳥每隔千年來訪時，都從山上刮走一點點岩石，小鳥離去時便帶走那幾十顆塵埃粒子。（正常小鳥把鳥喙材質堆積在山頂上的量，可能比磨損的岩石還多，不過反正這則故事的情節沒有一處是正常的，所以我們就別計較了。）

假設你每天都朗讀推文 16 小時。在你的背後，小鳥每隔千年都會飛來，從百里高的山頂用鳥喙刮走幾許看不見的塵粒。

當山磨平之時，就算是過完第 1 個「永恆日」。

山又出現了，同樣的情節周而復始，又過了另 1 個「永恆日」：365 個永恆日（每個永恆日有 10^{32} 年那麼長）便成為 1 個「永恆年」。

100 個永恆年以來，小鳥磨掉了 36,500 座山，成為 1 個「永恆世紀」。

但 1 個永恆世紀是不夠的。1 個「永恆千禧年」也不夠。

若要讀完全部的推文，得花上 1 萬個「永恆年」。

這麼多的時間，應該夠你看完整部人類史了（從書寫的發明到現在為止），而其中每 1 天的時間有多長呢？有如「小鳥磨平一座山」那麼長。

儘管 140 個字好像不是很多，但我們永遠不會無話可說。

樂高大橋

Q. 如果用樂高積木來建造橋樑，需要多少片，才能支撐從倫敦到紐約的交通？已經製造出那麼多樂高積木了嗎？

—— 傑瑞．彼得森（Jerry Petersen）

A. 我們先從野心沒那麼大的目標開始吧。

建造連結

我們當然有足夠的樂高積木，可以用來「連結」紐約與倫敦。以樂高的單位來說，紐約與倫敦之間的距離為 7 億個凸點。也就是說，如果你把積木排成像這樣……

那麼，連結這兩座城市就會用掉 3.5 億片積木。這座橋無法維持本身的完整，也無法支撐任何比樂高「迷你人偶」還大的東西，不過這總是個開始。

這麼多年來，樂高已生產超過 4 千億片積木。但這些積木中，

能拿來建造大橋的積木有多少？遺失在地毯上的小小盔甲又有多少？

假設我們用來造橋的樂高積木是最常見的規格：2 × 4 積木。

波格（Dan Boger）是樂高組合的檔案保管者，也是 Peeron.com 樂高資料網站的管理員，我利用他提供的資料，得出以下的粗略估計：每 50 至 100 片積木中，就有 1 片是 2 × 4 的長方形積木。這代表現存的 2 × 4 積木大約有 50 至 100 億片，這麼多積木拿來建造「1 積木寬」的大橋綽綽有餘了。

支撐車輛

當然啦，為了支撐實際的交通量，我們有必要把橋建得寬一點。

我們要建造的應該是浮橋。大西洋很深〔誰說的？〕，我們要盡量避免用樂高積木建造出 4 到 5 公里高的橋塔。

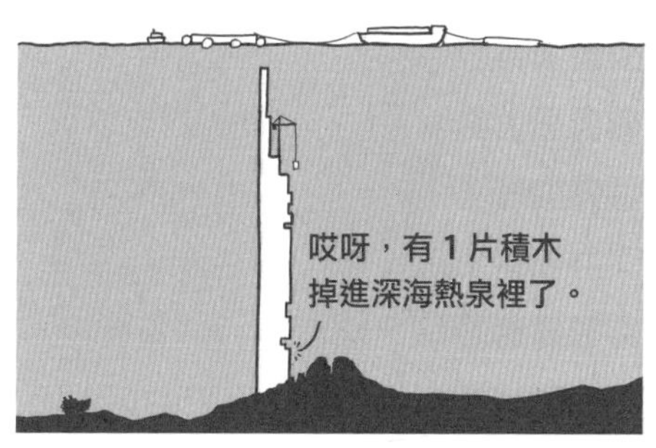

樂高積木連結時並不防水[1]，而且積木的塑膠材質，密度比水

❶ 引證：我拼過一艘樂高船，一放進水裡就沉了：(

的大。這點倒是很容易解決；如果我們在積木的最外面塗上一層密封劑，最後積木的密度基本上會比水的密度小。

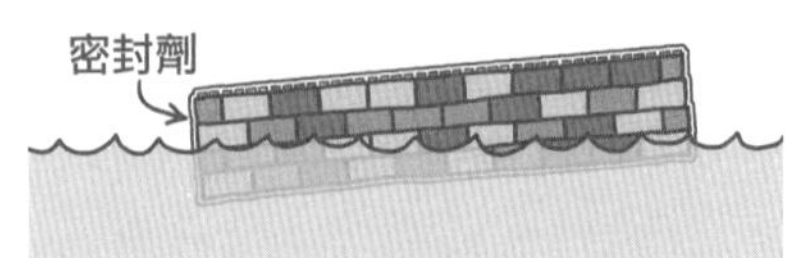

積木橋每排開 1 立方公尺的水，便可支撐 400 公斤的重量。普通小客車的重量將近 2,000 公斤，因此我們的橋最少需要 10 立方公尺的樂高積木，才能支撐 1 輛小客車。

如果我們建造的大橋厚度為 1 公尺，寬度為 5 公尺，那就應該能毫無困難的維持漂浮（雖然橋身可能會有一大半泡在水裡），而且堅固耐用，車子可以在橋上行走。

樂高積木相當堅固；根據英國廣播公司的調查，你可以把 2 × 2 的積木 1 片 1 片往上堆疊，一直堆到 25 萬片時，最底下的那一片才會垮掉[2]。

這個點子的首要問題在於：若要建造這種橋，全世界可用的樂高積木還遠遠不夠。次要問題則是：海洋。

極強的力量

北大西洋常常有暴風雨。儘管我們的橋會盡量避開墨西哥灣流最湍急的洋流區，但還是會受到強風巨浪的影響。

我們可以把橋建造得多堅固呢？

澳洲南昆士蘭大學有一位研究人員名叫羅斯特洛（Tristan Lostroh），托他的福，我們才能找到某些樂高積木接頭的拉伸強度數據。這些數據的結論與英國廣播公司的說法一致：樂高積木出奇的堅固。

最佳的設計方式，應該是把又長又薄的積木板互相堆疊：

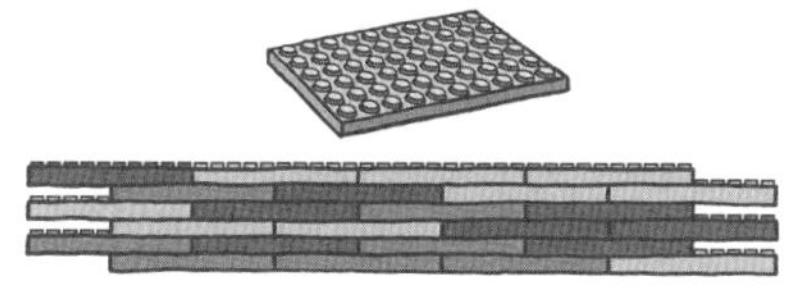

這種設計非常堅固（拉伸強度與混凝土不相上下），但強度還是遠遠不夠。風浪及洋流會把橋的重心往旁邊推，使橋身產生極大的張力。

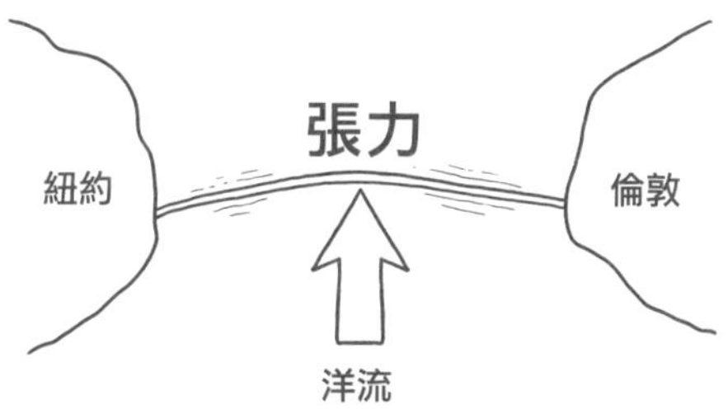

應付這種情況，傳統的方法是把橋固定在地上，這樣橋才不會太偏離某一側。如果我們容許除了樂高積木之外還能使用鋼纜[3]，想必就能把這項「巨無霸新發明」牢牢栓在海床上[4]。

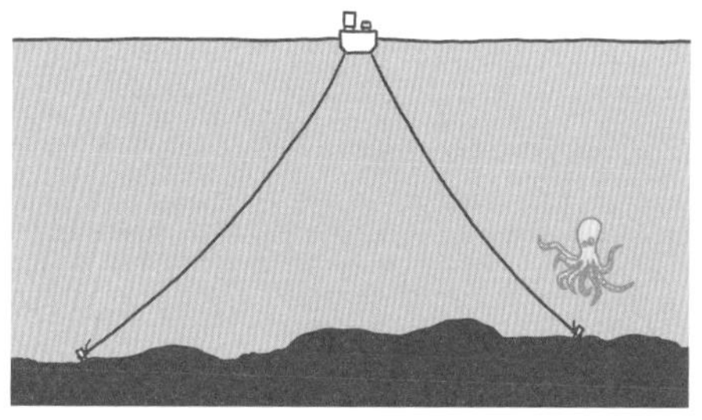

❷ 一定是沒新聞了才報導這個。

❸ 還有密封劑。

❹ 如果我們想用樂高積木來試試看，可以去找附贈小尼龍繩的樂高組合。

但問題還不止於此。5 公尺寬的橋也許能支撐在平靜池塘上行進的車子，但是我們的橋要夠大，大到當陣陣海浪來襲時，橋身還能高於水面。開放洋面上的浪高，基本上可達數公尺，因此我們的橋面至少要漂浮在水面上 4 公尺。

只要增加氣囊及凹洞，橋身結構會更有浮力，但我們也要把橋造得更寬，否則橋就會翻覆。這代表我們必須增加更多的錨，還要在錨上放浮筒以免下沉。浮筒產生更多的曳力，曳力對鋼纜施加更多的應力、把橋身結構往下推，於是又需要更多的浮筒……

等等，這不就是剛才說到的橋塔？

海床

如果我們要把橋栓在海床上，會產生幾個問題。在水壓下，我們無法維持氣囊張開，因此橋身的結構必須支撐本身的重量。為了應付來自洋流的壓力，我們必須把橋建造得更寬。結果到最後，我們事實上變成是在建造堤道。

衍生的副作用就是：我們的大橋會終止北大西洋環流。根據氣候學家的說法，這「可能很糟」[5]。

此外，大橋會穿越大西洋的中洋脊。大西洋的海床從海底中央的地層裂縫向外擴張，擴張速率為每 122 天擴張 1 個樂高單位，也就是一個凸點寬，所以我們必須內建伸縮縫，或三不五時開車到橋中央去添加一堆積木。

成本

樂高積木以 ABS 塑膠製成，在我寫這篇文章時，每公斤的成本約為 1 美元。即使是最簡單的橋樑設計（加了幾公里長鋼纜的那個），造價就要 5 兆美元以上。

但仔細一想：倫敦的房地產市場總值是 2.1 兆美元，而橫跨大西洋的運費大約是每噸 30 美元。

也就是說，我們用低於大橋的成本便可買下倫敦所有的房子，然後化整為零、一塊一塊運往紐約。如此一來，我們就可以在紐約港口的新島嶼，把倫敦重新組裝起來，再用簡單很多的樂高大橋來連結這兩座城市。

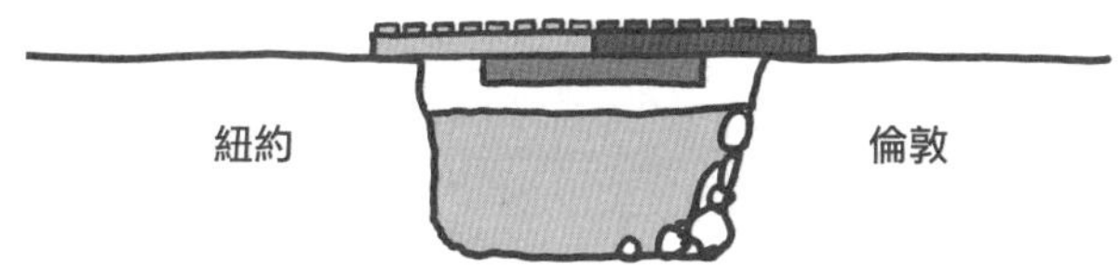

剩下的錢，說不定還買得起那套超讚的「千年鷹」（Millennium Falcon）樂高組合。

---

❺ 氣候學家接著說：「等一下，你說你們正想建造什麼來著？」然後又說：「你們到底是怎麼來到這裡的？」

最長的日落

Q. 如果你開著車子，遵守時速限制且駕駛在柏油路上，那你經歷的最長日落可能有多長？

——麥可．伯格（Michael Berg）

A. 為了回答這個問題，我們必須確認所謂的「日落」是什麼意思。日落從太陽碰到地平線的那一瞬間開始，到太陽完全消失時就算結束。如果太陽碰到地平線又升上來，這樣的日落就不及格。

這是日落：

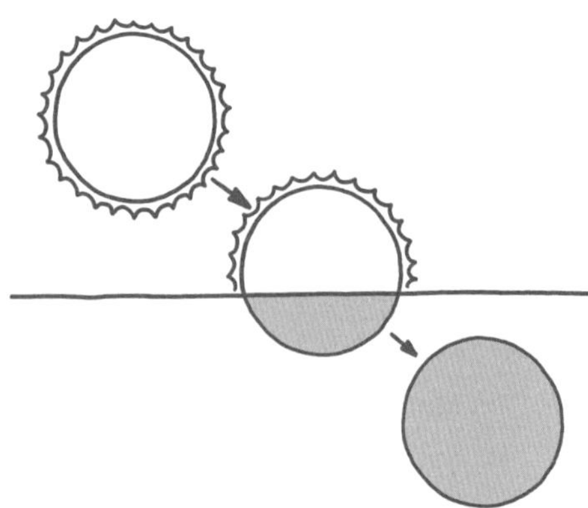

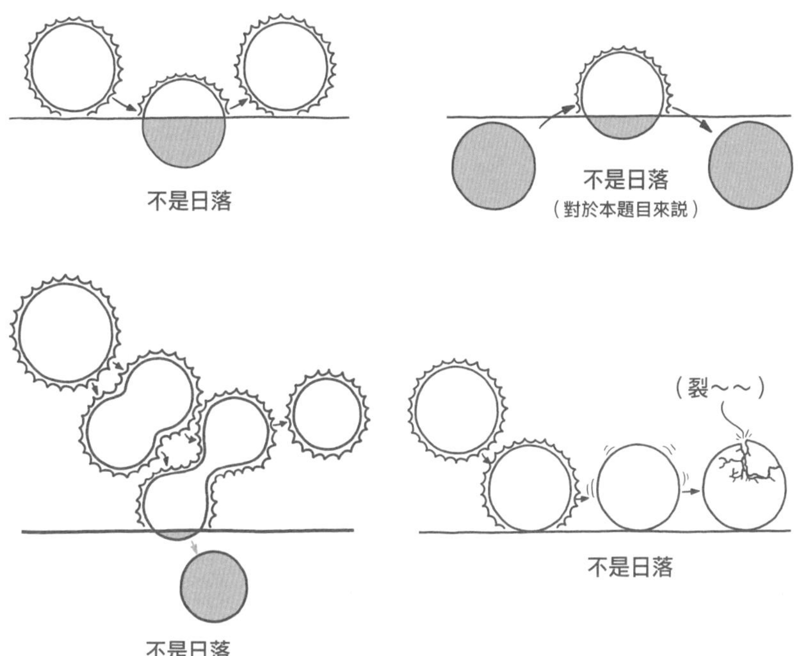

要算得上是日落，太陽必須落到理想化的地平線背後，而不只是落在附近的小山背後。這樣不是日落，雖然看起來很像是：

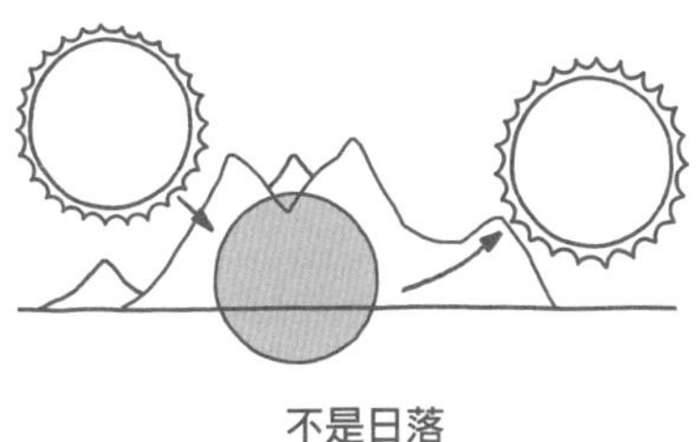

不是日落

這不能算是日落的原因在於：如果你可以任意拿個障礙物擋住太陽，那麼你只要躲在岩石後面，隨時都可能造成日落。

我們也必須考慮折射。地球的大氣層會使光線偏折，因此當太陽位於地平線時，看起來比實際位置高出約一個太陽。標準的做法應該是在所有計算中涵蓋折射的平均作用，在此我就是這麼做的。

赤道地區在 3 月和 9 月，日落會歷時 2 分鐘再多一點點。比較靠近極點的地方（例如在倫敦等地），日落過程可能介於 200 至 300 秒之間。春天和秋天的日落過程最短（太陽直射赤道），夏天和冬天的最長。

如果你在 3 月初時，站在南極不動，太陽整天都待在天空，只在地平線上環繞整整一圈。3 月 21 日前後，太陽會接觸到地平線，這是全年唯一的一次日落。這場日落歷時 38 至 40 個小時，這意味著當太陽落下時，環繞地平線不止一圈。

但麥可問的問題很巧妙。他問的是：「你在柏油路上可能經歷的最長日落」。南極有一條道路通往研究站，但那不是柏油路，而是用積雪堆出來的路。兩極附近都沒有柏油路。

距離兩極最近、真正夠資格稱為柏油路的，大概是挪威斯瓦巴群島上的朗伊爾城的主要道路。（朗伊爾城機場的跑道盡頭離北極稍微近一些，不過在那裡開車你可能會惹上麻煩。）

其實朗伊爾城與北極的距離，稍短於南極洲的麥克默多科學研究站與南極的距離。還有一些軍事基地、研究站及捕魚站離北極更近，但這些地方沒有什麼道路，只有飛機跑道，這些通常都是碎石子和雪鋪成的。

如果你在朗伊爾城中心到處閒逛[1]，經歷的最長日落會比 1 小時少幾分鐘。開不開車其實無所謂，小城太小了，怎麼移動都沒什麼差別。

不過，如果你開車前往歐洲本土，那裡的道路比較長，結果會好很多。

如果你從熱帶地區開始開車，往北一直開在柏油路上，最遠可以開到挪威境內的歐洲 69 號公路最末端。斯堪地那維亞半島北部有不少縱橫交錯的道路，所以從這裡出發好像還不錯。但是，我們應該開哪條路才好呢？

直覺上，我們似乎應該往愈北邊愈好。愈靠近極區，愈容易「追日」。

不幸的是，「追日」並不是好辦法。即使在挪威這類高緯度地區，太陽的動作還是太快。在歐洲 69 號公路的最末端，你的車速大約得達到音速的一半才追得上太陽。還有，歐洲 69 號公路是南北向，不是東西向，所以你開著開著就會開到巴倫支海去了。

幸好還有一個更好的辦法。

如果你在挪威北部的那天，太陽才剛落下便又再度升起，晨昏線（晝夜的界線）在陸地上的移動方式就像這個樣子：

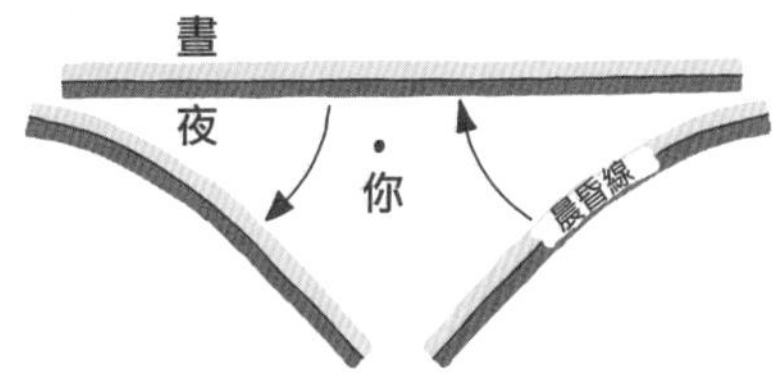

注意：雖然「晨昏線」跟「魔鬼終結者」的英文都是 terminator，但可別把兩者混為一談，魔鬼終結者在陸地上的移動方式是這樣的：

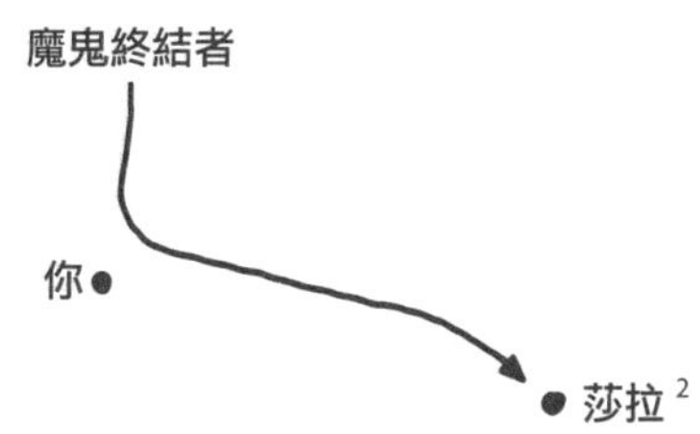

我不確定該往哪邊跑才好。

❶ 可以順便和「有北極熊出沒」的告示牌合影留念。
❷ 譯注：「魔鬼終結者」電影中，女主角的名字。

要見到長時間日落的策略很簡單：等到晨昏線快要到達你所在位置的那天，坐在車上，直到晨昏線向你逼近，然後把車子往北開，盡量保持比晨昏線超前一點點（視當地的道路規劃而定），持續愈久愈好；然後掉頭往南開，車速要夠快，才能越過晨昏線回到安全的黑暗中[3]。

令人意外的是，這種策略對北極圈內的任何地方都適用；如此一來，你就可以在芬蘭與挪威境內的許多道路上享受漫長的日落了。我利用 PyEphem 天文計算軟體，以及挪威公路的一些 GPS 紀錄，進行了「長時間日落之駕駛路徑」研究。我發現，在一系列的路徑及行駛速率當中，最長的日落始終都是 95 分鐘左右，比在斯瓦巴群島上的「原地不動策略」，增長了約 40 分鐘。

但如果你困在斯瓦巴群島上，卻希望日落（或日出）的時間能持續稍微久一點，那你隨時都可以試著逆時針旋轉[4]。其實這只會讓地球的時鐘增加幾分之 1 奈秒（根本量不出來），但這也要看你身邊的人是誰⋯⋯

⋯⋯說不定很值得一試喔。

❸ 這種方式也適用於對付另一種「terminator」。

❹ 請參閱「角動量」篇，*http://xkcd.com/162/*。

隨機祝福電話

Q. 如果你隨便撥個電話號碼，一接通就說「願上帝保佑你」，接電話的人剛好打完噴嚏的機率是多少？？

——咪咪（Mimi）

A. 這個數字很難抓，但大概是 1/40,000 左右。

你在拿起電話前也應該要記住：差不多有 1/1000,000,000 的機率，接你電話的人剛剛殺了人[1]。祝福人家時，你可能要更謹慎一點。

---

❶ 這是根據 4/100,000 的謀殺率算出來的，這是美國的平均值，但對於工業化國家來說則偏高。

不過，打噴嚏比謀殺常見多了[2]，你還是比較有可能碰到打噴嚏的人，而不是逮到殺人兇手，因此以下的對策我並不建議。

謹記在心：一有人打噴嚏，我就開始說這句話。

相較於謀殺率，有關「打噴嚏率」的學術研究並不多。「平均打噴嚏頻率」最廣泛的引用數據，來自某位接受美國廣播公司新聞採訪的醫生，他認為每人每年會打噴嚏 200 次。

在少數有關打噴嚏的學術資料來源當中，有一項研究是監測「接受誘發過敏反應的人」打噴嚏的情況。為了估計平均打噴嚏的頻率，我們可以完全忽略這個研究真正想要蒐集的醫療數據，只要看控制組的數據就夠了。控制組一點過敏原都沒碰到，他們只是單獨坐在房間裡，每次坐 20 分鐘，共計有 176 人次[3]。

控制組的受試者在那 58 小時左右的時間裡，總共打了 4 次噴嚏[4]（假設他們只有在清醒時才打噴嚏），換算一下就是每人每年打噴嚏約 400 次。

用「谷歌學術搜索」（Google Scholar）可以找到自 2012 年以來提到「打噴嚏」的 5,980 篇文章。如果其中有一半來自美國，而每篇文章平均有 4 位作者的話，那大約有 1/10,000,000 的機率是，你撥出的電話，接電話的人剛好在當天發表了關於打噴嚏的文章。

另一方面，美國每年約有 60 人遭閃電擊斃。也就是說，你打電話給 30 秒前剛遭閃電擊斃的人，機率只有 1/10,000,000,000,000。

最後，假設當這本書在美國出版的那天，有 5 個看過書的人決定親自做實驗。如果這 5 個人整天都在打電話，其中 1 人在這天的某個時刻約有 1/30,000 的機率會打不通，因為他打電話要找的人，也正在打電話給隨便一位陌生人說：「願上帝保佑你」。

而且，其中 2 人同時拿起電話打給對方的機率，大約是 1/10,000,000,000,000。

這時候，連機率都傻眼了，於是這兩個人都讓閃電給劈死了。

---

❷ 引證：因為你還活著。

❸ 為了讓你更有感覺，這相當於重複聽披頭四的「嘿裘德」（Hey Jude）490 次。

❹ 在 58 小時的研究期間，4 次打噴嚏是最有意思的數據點。但我寧可聽 490 次「嘿裘德」。

「What If ？」收件匣收到的，稀奇古怪（且令人憂心）的問題，#10

Q．如果人家拿刀子往我身上捅，
結果沒傷到任何要害，我也活得好好的，
這樣的機率是多少？

——湯瑪斯（Thomas）

……去問你的朋友。
我的意思是，以前的朋友。

Q．如果我騎摩托車從滑板場地中的
「四分之一管坡道」跳下來，
要騎多快才能安全的展開降落傘且順利著陸？

——無名氏

Q．如果每人每天有 1%的機率可能變成火雞，
而每隻火雞有 1%的機率可能變成人，那會怎樣？

——肯尼斯（Kenneth）

不斷擴張的地球

Q. 如果地球的平均半徑每秒增加 1 公分，人們要多久才會察覺到自己的體重增加了？（假設岩石的平均成分保持不變。）

——丹尼斯．歐唐納（Dennis O'Donnell）

A. 地球目前並沒有在擴張。

人們長期以來一直以為地球在擴張。1960 年代大陸漂移假說證實之前[1]，人們早就注意到大陸彼此相合。各派解釋眾說紛紜，其中包括：海洋盆地是原本光滑的地球在擴張時，因表面裂開而形成的裂口。這個理論一直不太流行[2]，不過仍三不五時在 YouTube 上流傳。

為了避開地面裂縫的問題，我們不妨想像，從地殼到地核，地球的所有物質都開始均勻擴張。為了避免第 241 頁〈海洋排光

❶ 證實板塊構造理論的有力證據，正是海底擴張的發現。「海底擴張」與「磁極反轉」非常奇妙的互相證實，這是我最喜歡的科學發現實例之一。

❷ 後來證明，這理論根本很蠢。

光〉的慘劇再度發生，我們假設海洋也一起擴張[3]，而所有的人造建築維持不變。

t = 1 秒

當地球開始擴張，你會感覺到輕微的晃動，甚至可能暫時失去平衡。不過請放心，只有一下下而已。由於你是以每秒 1 公分等速向上運動，所以不會感覺到任何加速作用。在這天剩餘的時間裡，你應該感覺不到任何異狀。

t = 1 天

第 1 天結束後，地球已經擴張 864 公尺了。

重力需要很長的時間才會明顯增加。如果地球開始擴張時你是 70 公斤重，第 1 天結束時，你會變成 70.01 公斤重。

道路和橋樑怎麼辦？它們終究都會裂開，對吧？

其實沒你想像的那麼快。我曾經聽說過這樣的謎題：

想像你用繩子繞地球一圈，而且繩子貼著地表綁得緊緊的。

然後你想把繩子提高到距離地面 1 公尺。

請問繩子要再增加多長？

看起來繩子好像需要增長好幾公里，但答案是 6.28 公尺。圓周長與半徑成正比，所以若半徑增加 1 個單位，周長則增加 2π 個單位。

對 40,000 公里的繩子來說，再增加 6.28 公尺可說是微不足道。即使過了 1 天，幾乎所有建築物對地球增加的 5.4 公里周長都能應付自如。混凝土每天膨脹收縮的幅度比這還大呢。

經過一開始的晃動，你最先注意到的其中一項影響應該是 GPS 罷工了。衛星大致上會保持在同樣的軌道，但 GPS 系統倚賴的精密計時，幾個小時之內就會徹底報銷。GPS 計時之精確令人難以置信；在所有的工程學問題當中，工程師在計算時不得不同時考慮「狹義相對論」和「廣義相對論」的只有少數幾個，而 GPS 便是其中之一。

其他的鐘大多會繼續正常運作。不過，如果你有個非常精確的

❸ 事實證明，海洋一直在擴張，因為海水愈來愈暖。這是（目前）全球暖化導致海平面升高的主要方式。

擺鐘，你可能會覺得怪怪的——到這天結束時，擺鐘會比原來的時間快 3 秒。

t ＝ 1 個月

1 個月後，地球已經擴張了 26 公里（增加 0.4%），質量則增加了 1.2%。表面重力只增加了 0.4%而不是 1.2%，因為表面重力與半徑成正比[4]。

量體重時，你可能會注意到體重變得不一樣，但這沒什麼大不了。在不同的城市之間，重力的差別本來就可能有這麼大。如果你買的是電子磅秤，不妨記住這一點。如果磅秤的精確度超過小數點後 2 位，便需要用試驗砝碼來校正——磅秤工廠的重力和你家的重力不見得相同。

就算你還沒有感覺到重力增加，你也應該會察覺到地球的擴張。1 個月後，你會看到長形的混凝土建築中有很多裂縫，也會看到高架道路及老舊橋樑有破損。大多數的建築物也許安然無恙，不過那些地基牢牢固定在岩床上的建築物，可能會開始變得行為莫測[5]。

這時候，國際太空站上的太空人開始著急了。不僅地面（以及大氣）正朝他們逼近，增加的重力也會導致軌道逐漸縮小。太空人需要盡快撤離；在太空站脫離軌道重返大氣層之前，他們頂多只有幾個月的時間而已。

t ＝ 1 年

1 年後，重力會增加 5%。你大概注意到體重增加了，而且肯定會注意到道路、橋樑、供電線路、衛星、海底電纜的故障。你的擺鐘現在已經快了 5 天。

那大氣層呢？

如果大氣層不像陸地和水體那樣擴張的話，氣壓會開始下降。這是由於多種因素的綜合作用。隨著重力增加，空氣會變重，但由於空氣分布在較大的面積上，整體的效果反而會使氣壓降低。

另一方面，如果大氣也在不斷擴張的話，地面氣壓就會上升。再過幾年，珠穆朗瑪峰頂端便不再是所謂的「死區」（見第96頁〈等速平穩升空〉）。話再說回來，由於你會變重（而且山會變高），因此爬山會更累（做更多功）。

t＝5年

5年後，重力會增加25%。如果你在地球開始擴張時體重70公斤重，現在就是88公斤重了。

我們的基礎設施大多已經倒塌。倒塌的原因在於地面不斷擴張，而不是因為重力增加。令人驚訝的是，在重力大增的情況下，大部分的摩天大樓竟然還挺得住[6]。對於大部分的摩天大樓來說，限制因子並不是重量，而是風。

t＝10年

10年後，重力會增加50%。在大氣層沒有跟著擴張的情境下，空氣會變得很稀薄，稀薄到連在海平面呼吸都很困難。如果大氣層也跟著擴張，我們暫時還能再撐一陣子。

---

❹ 質量與半徑立方成正比，重力與「質量除以半徑平方」成正比，所以半徑^3／半徑^2＝半徑。

❺ 摩天大樓不就是這樣嗎？

❻ 不過我可不敢再搭電梯了。

t ＝ 40 年

40 年後，地球的表面重力已變為原來的三倍[7]。這時候，連最強壯的人走路都會非常吃力。呼吸會變得很辛苦、樹倒了、農作物會被自己的重量壓得直不起來。隨著物質紛紛尋找較低淺的休止角[8]，所有的山坡幾乎都出現了大規模的山崩。

地質活動也會加速進行。地球產生的熱量，大多由地殼及地函中的礦物放射性衰變提供[9]，地球變大代表熱量變多。由於體積的擴張比表面積快，因此每平方公尺流出的總熱量會增加。

這些熱量實際上還不足以使地球溫度大幅升高（地表溫度主要由大氣層與太陽控制），但會導致更多的火山活動、更多的地震、更快的構造運動。這種情況和數十億年前的地球很類似，當時地球的放射性物質較多，地函也比較熱。

更活躍的板塊構造運動對生物來說可能是好事。板塊構造運動在穩定地球的氣候上扮演關鍵角色：比地球小的行星（如火星），沒有足夠的內熱來維持長期的地質活動；較大的行星會有較多的地質活動，這就是為什麼有些科學家認為，略大於地球的系外行星（「超級地球」），可能比如地球般大小的系外行星更適合生物生存。

t ＝ 100 年

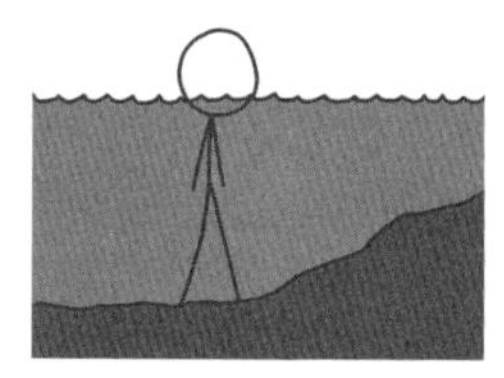

100 年後，我們會受到超過 6g 的重力。我們不但無法四處活動尋找食物，而且心臟也無法把血液注入大腦。只有小昆蟲（及海洋動物）還能活動自如。人類也許可以在特製的控壓屋裡苟延殘喘，或要把一大半的身體浸在水裡才能活動。

在這種情況下很難呼吸。水的重量使吸氣變得很吃力，這就是為什麼人只有在靠近水面時，才能靠呼吸管來呼吸。

由於不同的原因，低壓屋外的空氣也會變得不適合呼吸。在差不多6個大氣壓下，連普通的空氣也會變成毒氣。就算我們有辦法克服其他所有的問題，不用等到100年，我們就會因為氧中毒而死。撇開毒性不說，很濃的空氣本來就很難呼吸，因為它實在是太重了。

黑洞？

最後在什麼時候地球會成為黑洞？

這很難回答，因為本問題的前提是「地球半徑逐漸擴張而密度保持不變」——然而黑洞的密度是會增加的。

超大岩石行星的動力學很少有人分析，因為這種行星根本沒辦法形成；如此大的物體具有足夠的重力，在行星的形成過程中會聚集氫和氦，因而變成氣體巨行星。

到了某個臨界點，不斷變大的地球會達到「增一分質量即導致收縮」的程度，而不是繼續擴張。自此，地球會塌縮成不斷濺射的白矮星或中子星，到最後（如果質量持續增加的話）終究會成為黑洞。

不過，在地球走到這一步之前……

t = 300 年

很遺憾，人類活不了這麼久，因為這時候會發生非常奇妙的事。

---

❼ 經過幾十年的時間，重力的增加會比預期稍微快一些，因為地球內部的物質會受本身的重量壓緊。行星內部的壓力大致與表面積的平方成正比，因此地核會擠壓得很緊。請參考 *http://cseligman.com/text/planets/internalpressure.htm*。

❽ 編注：通常指粉體堆積層的自由斜面與水平面所形成的最大角度。

❾ 雖然有些放射性元素（例如鈾）很重，在較底層的地方會被擠出去，因為它們的原子在那樣的深度，無法與岩石晶格緊密結合。詳情請參閱以下章節：*http://igppweb.ucsd.edu/~guy/sio103/chap3.pdf*，還有這篇文章：*http://world-nuclear.org/info/Nuclear-Fuel-Cycle/Uranium-Resources/The-Cosmic-Origins-of-Uranium/#.UlxuGmRDJf4*。

隨著地球變大，月球也會像所有的人造衛星一樣、愈繞愈靠近地球。幾百年後，月球與臃腫的地球靠得太近，以致於地球與月球之間的潮汐力比凝聚月球的重力還強。

一旦跨越稱為洛希極限的這道防線，月球便會逐漸分裂[10]，而地球則會暫時長出「行星環」。

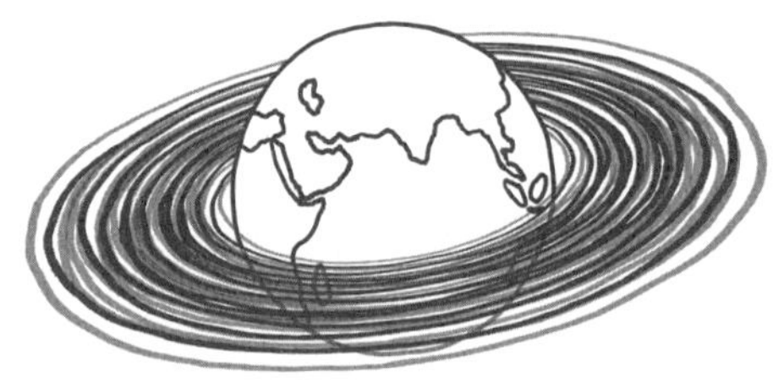

如果你喜歡這樣，老早就該把一群人都搬去洛希極限裡。

⑩ 抱歉啦，月球！

無重力的箭

Q. 假設有個零重力環境，具有與地球大氣一模一樣的大氣層，需要多久時間，空氣摩擦力才能讓弓射出的箭停下來？到最後，箭會完全靜止、懸在半空中嗎？

——馬克·艾斯塔諾（Mark Estano）

A. 這種情況發生在我們所有人身上。你本身就在龐大的太空站上面，而且正想拿弓箭去射某人。

與正常的物理問題相比，這個問題的情況恰好相反。通常你考慮的是重力，忽略的是空氣阻力，而不是反過來[1]。

正如你所預期，空氣阻力會減緩箭速，到最後箭會停下來，但

❶ 此外，你通常不會拿弓箭來射太空人——至少不會為了大學文憑這樣做。

這是在箭飛了很遠很遠以後。幸好，箭在飛行途中，多半對人不會是太大的威脅。

我們來仔細檢視這樣會發生什麼事。

假設你射出的箭速是每秒 85 公尺。這大約是「大聯盟」快速球的兩倍速率，比高檔複合弓射出的箭速（每秒 100 公尺）略低一些。

箭很快就會慢下來。空氣阻力與速率平方成正比，也就是說，當箭飛得很快時會受到很大的阻力。

10 秒鐘後，箭已經飛了 400 公尺，而箭速也從 85 公尺／秒減到 25 公尺／秒；普通人要是把箭拿來用丟的，差不多就是 25 公尺／秒這麼快。

以那樣的速率來說，箭的危險性會小很多。

我們從獵人的經驗得知，箭速的小小差異，對於能殺死的動物體型有很大的差別。25 克重的箭若以 100 公尺／秒的箭速射出，可以用來捕獵麋鹿與黑熊，而 70 公尺／秒的箭速卻可能慢到連鹿都殺不死。當然，在此我們指的鹿是「太空鹿」。

箭速一旦出了這個範圍，便不怎麼危險了……但這離停下來還早得很呢。

5 分鐘後，箭已經飛了大約 1.6 公里，而且已經慢到跟走路差不多了。在那樣的速率下，箭受到的阻力非常小；箭就這麼緩緩的飛、慢吞吞的減速。

這時候，箭已經比地球上的任何箭飛得還遠很多了。在平地上，高檔弓射出的箭可達幾百公尺的距離，不過，手持式弓箭射出的最遠世界紀錄，竟達 1 公里出頭。

1987 年，弓箭手布朗（Don Brown）用一種可怕的怪東西射出細細長長的金屬棒，締造了這個紀錄，那個怪東西的樣子和傳統的弓只有一點點像。

隨著時間從幾分鐘進展到幾小時，箭愈來愈慢，氣流也有了變化。

空氣的粘滯性很小。也就是說，空氣不會黏糊糊的。這代表物體在空氣中飛行所受到的阻力，是來自物體排開的空氣的動量，而不是來自空氣分子間的內聚力。這比較像是你用手在裝滿水的浴缸裡攪動，而不是在裝滿蜂蜜的浴缸裡攪動。

幾個小時後，箭會移動得非常慢，慢到幾乎看不出來在動。這時候，假設空氣相當平靜，空氣會開始表現得像是蜂蜜而不是水，然後箭就會慢慢、慢慢的停下來。

箭到底能飛多遠，主要取決於箭的細部設計。箭在形狀上的微小差異，可能會顯著改變慢慢流過箭的氣流性質。但箭應該至少能飛好幾公里，5 或 10 公里都有可能。

這裡有個問題：目前來說，唯一能維持零重力且具有類似地球大氣的環境，就是國際太空站（ISS）。而最大的 ISS 艙組（日本的希望號實驗艙）只有 10 公尺長。意思就是說，如果你真的進行這項實驗，箭只能飛不到 10 公尺。然後，箭要不是停下來……就是真的把某人的日子給毀了。

沒有太陽的地球

Q. 如果太陽突然停止發亮了，那地球會怎樣？

—— 很多很多讀者

A. 「What If」專欄中，這可能是最多人問的熱門問題了。

我從未回答過這個問題，部分原因是已經有人回答了。只要在谷歌上搜尋「如果太陽熄滅了會怎樣」，就會出現一大堆優秀的文章，把這種情況分析得很透澈。

不過，提出這個問題的頻率不斷增加，所以我決定盡我所能來回答。

如果太陽熄滅了……

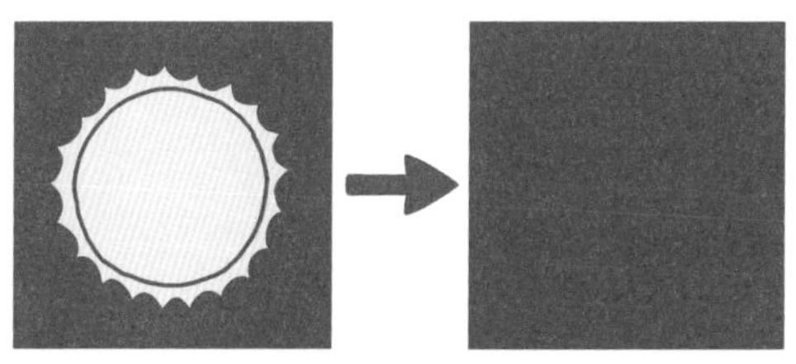

圖一：太陽熄滅了：（

我們先不管這究竟是怎麼發生的。假設我們就是想出了某種方法「快轉」太陽的演化過程，結果把太陽變成冷冰冰的惰性星球。對於地球上的我們來說，會有什麼樣的後果呢？

讓我們繼續看下去……

日焰的風險會降低：在 1859 年，大規模的日焰及地磁風暴襲擊地球，磁暴使電線引發感應電流。不幸的是，我們在 1859 年時就已經用電報線包圍了地球，磁暴在這些電線上引起強大的電流，使通訊中斷，在某些情況下還導致電報設備起火燃燒。

自 1859 年以來，我們已經用更多的電線把地球團團包圍。今天如果 1859 年的磁暴再次襲擊，據美國國土安全部估計，光是美國的經濟損失就會高達數萬億美元——比有史以來侵襲美國的颶風「全部加起來」還要嚴重。如果太陽熄滅，這種威脅就可以排除了。

衛星服務改善：當通訊衛星經過太陽面前時，太陽可能會吃掉衛星的無線電訊號，造成服務中斷。太陽一關掉，這個問題就解決了。

對天文學也比較好：沒有了太陽，地面天文臺就可以全天候運作。空氣變冷了，產生的大氣雜訊也比較少，這樣就能減輕「適應性光學系統」的負荷，取得更清晰的影像。

穩定的宇宙塵埃：沒有陽光，就沒有坡印廷—羅伯遜阻力，這表示我們終於可以把宇宙塵埃放在環繞太陽的穩定軌道上，不再有軌道衰減的問題。我不知道有沒有人願意做這種事，不過也很難說啦。

基礎設施成本降低：美國交通部估計，未來二十年內，每年都要花費200億美元來維修保養美國所有的橋樑。美國的橋樑大多在水上；沒有太陽的話，我們只要在冰上鋪條柏油路就可以開車了，這樣可以節省很多錢。

貿易更便宜：時區的劃分，使得做生意比較花錢；如果人家的上班時間跟你的上班時間不一樣，生意比較難做。如果太陽熄滅，時區就沒必要了，我們可以統統改成世界標準時間，促進全球經濟的蓬勃發展。

小孩更安全：根據北達科他州衛生局的研究，6個月以下的嬰兒應避免陽光直接照射。沒有了陽光，我們的孩子會更安全。

戰機飛行員更安全：很多人在豔陽下曝曬會打噴嚏。這種生理反應的原因不詳，而且在飛行期間可能危及戰機飛行員。如果太陽黑掉了，就能減輕這種現象對飛行員的威脅。

防風草更安全：野防風是一種出奇惡毒的植物，葉子含有呋喃并香豆素，人體皮膚吸收這種化學物質不會引起什麼症狀（一開始啦）。不過，只要皮膚接觸到陽光（即使是在幾天或幾週後），呋喃并香豆素就會引起嚴重的化學灼傷，這就是所謂的植物性光過敏性皮膚炎。黑暗的太陽讓我們擺脫了防風草的威脅。

登山需知：
如果遇到野防風該怎麼辦：

總而言之，如果太陽熄滅了，我們生活各方面都會有很多好處。

有任何壞處嗎？

我們統統都會凍死。

更新紙本的維基百科

Q. 如果你有整套英文版維基百科的紙本，你需要多少部印表機，才能跟得上網路版的修改速率？

—— 馬艾恩・庫寧斯（Marein Könings）

A. 這麼多部。

如果你的約會對象帶你回家，結果對方客廳擺了這麼多臺正在列印的印表機，你會作何感想？

列印維基百科

以前早就有人想把維基百科印出來。有個名叫馬修斯（Rob Matthews）的學生，曾把維基百科的每一篇特色條目印出來，製成的百科全書有好幾公分厚。

當然啦，那只是維基百科最精華的一小部分；全部的維基百科可厚多了。維基百科的用戶 Tompw 建立了一種工具，可用來計算目前整個英文版維基百科的列印量，結果要用很多很多書架才裝得下。

想要與網路版同步修訂的話，那會很辛苦。

與即時修訂同步

目前英文版維基百科每天約收到 125,000 至 150,000 篇修訂，也就是每分鐘 90 至 100 篇。

我們可以試著規定以某種方式來衡量平均修訂的「字數」，但這很困難，近乎不可能。幸好不用這麼麻煩——我們暫且估計，每次修改只需重新印出某 1 頁就好了。有些修訂實際上會更改很多頁——但有些修訂只是還原而已，這樣我們就可以把已經印過的那幾頁再放回去[1]。「每次修訂印出 1 頁」似乎是很合理的折衷辦法。

維基百科一般都是照片、表格、文字混雜，好的噴墨印表機大概每分鐘可以印出 15 頁。也就是說，你只需要有大約 6 部印表機保持隨時在列印中，就能跟上修訂的速率了。

紙張很快就會愈堆愈多。以馬修斯印出的紙本百科全書為出發點，我搬出獨家的「信封背面估計法」來估計目前英文版維基百科的規模。根據特色條目與所有條目的平均長度來看，若所有的內容都以純文字格式印出來，我求出的估計值是 300 立方公尺。

相較之下，如果你想要跟修訂同步，每個月就要印出 300 立方公尺。

每月 50 萬美元

6 部印表機並不算多，但六部印表機都日以繼夜印個不停的話，可就貴了。

印表機的用電很便宜，1 天只要美金幾塊錢。

每張紙大約是 1 美分，表示你每天差不多要花 1,000 美元來買紙。你還得雇人守著印表機，每週 7 天每天 24 小時，但雇人的成本其實比紙還便宜。

印表機本身也不會太貴，不過汰換週期快得嚇死人。

但墨水匣將會是噩夢一場。

墨水

QualityLogic 實驗室的研究發現，以典型的噴墨印表機來說，現實生活中的墨水花費，從黑白的每頁 5 美分到照片的每頁約 30 美分不等。也就是說，你每天花在墨水匣的錢會高達美金 4 到 5 位數。

你一定要買一部雷射印表機，否則在短短的 1、2 個月內，這項計畫就可能會花掉你 50 萬美元。

不過，這還不是最慘的。

---

❶ 這種情況所需的檔案系統恐怕會讓人傷透腦筋。我一直在克制「想要著手設計」的衝動。

2012年1月18日，為了抗議「限制網際網路自由」的建議法案，維基百科把頁面統統關掉。如果哪天維基百科決定再度關閉網頁，而你也想參加抗議的話……

……你就得搬一箱簽字筆，自己把每一頁都塗成黑色。

我堅決擁護電子版！

臉書用戶生死論

Q. 臉書在什麼時候（如果有那麼一天），死人的帳號，會比活人的還多？

——艾蜜莉．鄧漢姆（Emily Dunham）

「戴上你的耳機！」「不行啦。耳朵掉下來了。」

A. 不是 206X 年就是 213X 年。

目前，臉書上的死人並不多[1]。主要原因是臉書（和其用戶）都還很年輕。過去幾年來，臉書用戶的平均年齡是老了一些，但年輕人使用臉書的比率，依然遠高於老年人。

過去

根據臉書網站的成長率，以及這段時間以來的用戶年齡分析[2]，大概有 1、2 千萬個曾建立臉書個人帳號的人，已經過世了。

---

❶ 這是指在我寫這篇文章的時候，反正是在血腥的「機器人革命」之前啦。

❷ 利用臉書的「建立廣告」工具，便可得知各年齡層的用戶數量，不過你可能要考慮到這點：臉書的年齡限制會導致有些人謊報年齡。

這是正在玩角色扮演遊戲的
老多克托羅[3]，
他身上穿著
「未來的人以為他從前在穿」的衣服。

目前，這些故去的用戶相當平均的分布在各年齡層。年輕人的死亡率遠低於六、七十歲的人，但臉書的已故人口中，年輕人占了相當大的比例，這是因為使用臉書的年輕人實在太多了。

未來

2013 年大概約有 29 萬個美國臉書用戶死亡。2013 年全世界的死亡總人數可能有好幾百萬[4]。未來短短七年內，這樣的死亡率將倍增，再過七年又再度倍增。

即使臉書明天就關閉註冊功能，隨著 2000 年至 2020 年間在上大學的那一代人逐漸老去，未來好幾十年，每年的死人用戶還是會繼續增加。

死人用戶何時將會超過活人用戶的決定性因素，在於臉書的活人新用戶（理想上是年輕人）是否增加得很快，快到足以暫時超越這波死亡潮。

臉書 2100 年

這讓我們想到臉書的前途問題。

我們對於社交網路沒有足夠的經驗，所以不敢打包票說臉書還能維持多久。大多數網站都是一炮而紅，然後人氣便逐漸下滑，因此假設臉書也會遵循這種模式，應該是合理的[5]。

如果情況是這樣，等到這十年內臉書開始喪失市場占有率、再也翻不了身時，臉書的「轉折日」（死人用戶超過活人的那一天）將會在 2065 年左右來臨。

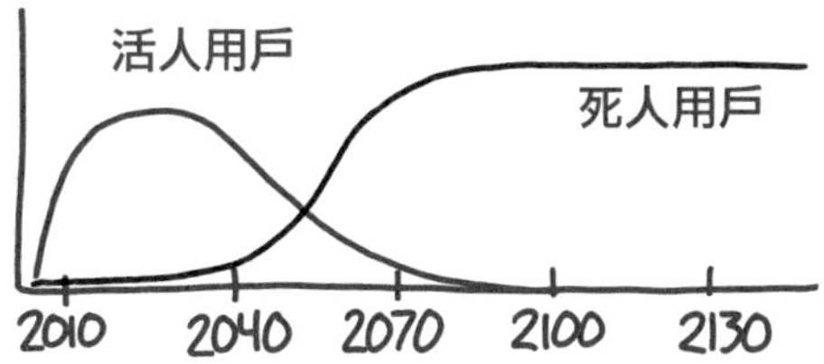

但也未必是這樣。說不定臉書扮演的角色會像網路上的 TCP 協議一樣，變成某種基礎架構，其他東西都要建立在臉書上面，並且具有維持現狀的共識。

如果臉書好幾世代皆與我們同在，則「轉折日」可能遲至二十二世紀中期才會出現。

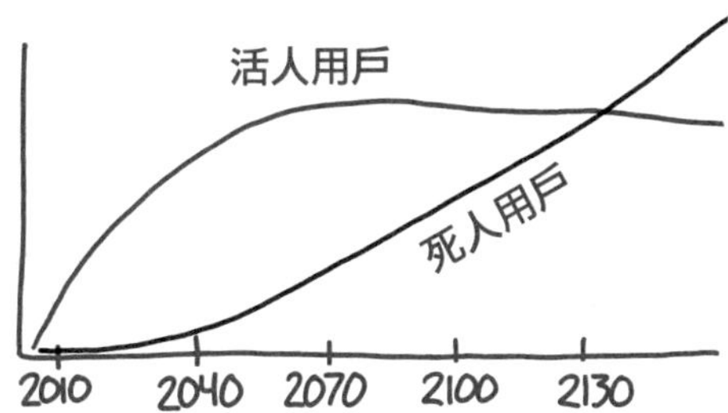

---

❸ 編注：多克托羅請見第 143 頁的注 6。

❹ 注意：文中的推測，有些是我用美國的「年齡／使用量」資料，外推到整體臉書用戶群得出的，因為全世界的人都在使用臉書，而找出美國的統計情況與精算數字，比一一蒐集各國的資料再整合來得容易。美國的情況並非全世界的完美模範，但基本的動態（人數持續增加一段時間之後就會穩定下來，以及年輕人的臉書使用狀況將決定此網站的成敗）應該差不了多少。如果假設發展中國家的臉書用戶很快就達到飽和，而發展中國家的人口目前正快速增加、而且較年輕，這樣一來在很多重大事件的估計上會有幾年的偏差，但與整體情況差距不大。

❺ 我假設在這些情況下，這些網站的資料應該從來沒有刪除過。到目前為止，這還是合理的假設；如果你曾經建立臉書的個人檔案，那些資料可能都還在，而停用服務的人大多不會刪除自己的個人檔案。如果這種行為有了變化，或如果臉書進行大規模的檔案清理，結餘的個人檔案數量可能會有立即且無法預料的變化。

這似乎不太可能。世上沒有什麼可以天長地久，對於任何建立在電腦技術上的事物來說，變化迅速一向是常態。許多網站與技術在十幾年前彷彿是永久性的機制，如今卻是「屍橫遍野」。

實際情況很可能介於兩者之間[6]。我們只能拭目以待。

我們帳號的命運

若要無限期保存我們所有的網頁及資料，臉書也負擔得起。活人用戶產生的資料一定比死人用戶多[7]，而且活躍用戶的帳號都必須很容易就能看到。就算所有用戶中，死人（或很少用）的帳號占了絕大多數，就整體基礎架構的預算而言，這些應該算不了什麼。

更重要的是我們的抉擇。那些網頁對我們有什麼用？除非我們要求臉書把網頁刪除，否則臉書想必將會預設永久保存所有備份。

即使臉書不這麼做，其他的「資料搜刮組織」也會這麼做。

目前，近親可以把死者的臉書個人檔案改成「紀念網頁」。但有很多關於密碼及隱私資料權限等問題，這些都還沒發展成社會規範。帳號應該繼續保留嗎？什麼樣的資料應該設定隱私？近親有權讀取死者的電子郵件嗎？紀念網頁上可以留言嗎？我們該如何處理挑釁及惡意破壞的行為？人們能不能與死人用戶的帳號互動？死者應該出現在什麼樣的朋友名單上？

藉由嘗試錯誤，我們目前正在摸索如何解決這些爭議。死亡向來是帶有情緒性的千古難題，各種社會型態的處理方式都不一樣。

人生的基本組成要件並沒有改變，無非是飲食、學習、成長、戀愛、奮鬥、死亡。在各個地方、文化與科技背景下，我們都一樣圍繞著這些活動，卻發展出不一樣的行為模式。

如同各個世代的過來人，我們也要學習如何在專屬於我們的遊樂場上，玩那些相同的遊戲。為了在網際網路上約會、辯論、學習、成長，我們正在發展新的社會規範，有時難免錯誤百出搞得一團亂。

到底該如何致哀？我們遲早會弄清楚的。

❻ 當然啦，如果臉書用戶（包括所有人類）的死亡率突然急遽增加，轉折日說不定就是明天。

❼ 但願如此。

日不落國的日落

Q. 什麼時候（如果有的話），太陽曾在大英帝國落下？

——寇特．阿蒙德森（Kurt Amundson）

A. 這從來沒發生過，目前為止還沒有。但這僅僅是因為：有幾十個人住在某個比迪士尼樂園還小的地方。

世界上最大的帝國

大英帝國的領土遍布全球，所以大家都說她是「日不落國」，因為帝國裡總會有某個地方是白天。

這麼長的白天究竟是從什麼時候開始的，很難說清楚講明白。整個拓展殖民地（強占人家的土地）的過程，從一開始就是隨隨便便的。基本上，英國建立自己的帝國，是靠著「駕船航行到哪裡、就在哪裡的海灘上插旗」的方式。某個國家的特定地點何時「正式」加盟成為帝國的一員？這實在很難判定。

「那邊那個太陽照不到的地方呢？」
「那是法國。我們總有一天會弄到手。」

大英帝國成為「日不落國」的確切日期，約莫是在十八世紀末或十九世紀初，當第一塊澳洲領土加入帝國的時候。

帝國在二十世紀初解體了一大半，但令人驚訝的是，太陽嚴格來說還是不曾在帝國落下。

14 個領土

英國擁有 14 個海外領土，這些都是大英帝國殘餘的直轄地。

大英帝國涵蓋了全世界所有的陸地：

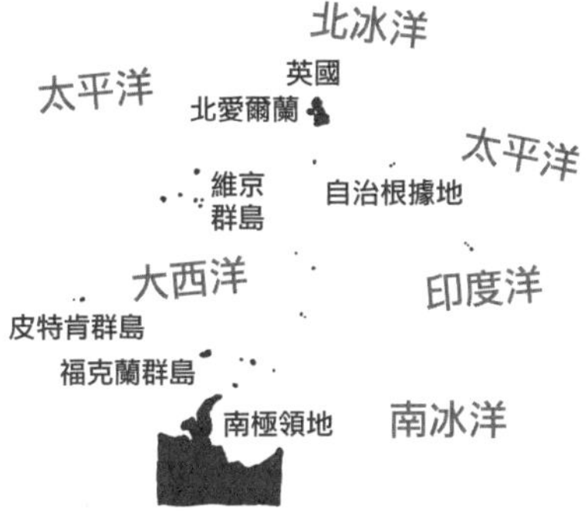

很多新獨立的英國殖民地都加入了大英國協，其中有些國家的官方君主都是伊麗莎白女王，例如加拿大及澳洲。這些都是獨立的國家，只不過女王碰巧是同一個而已；這些國家都不屬於任何帝國[1]。

太陽從來沒有同時在這 14 個英國領土落下（或是 13 個，如果英屬南極領地不算在內的話）。但是，只要英國失去其中的一小片領土，就會經歷兩個多世紀以來的第一次帝國日落。

每天的格林威治時間午夜前後，太陽在開曼群島落下，直到凌

❶ 據他們所知。

晨 1 點過後才會在英屬印度洋領土上升起。在那 1 個小時裡，位於南太平洋的小小的皮特肯群島，正是陽光下唯一的英國領土。

皮特肯群島上住了幾十口人，他們都是皇家船艦邦蒂號（HMS Bounty）叛逃者的後代。2004 年，皮特肯群島變得惡名昭彰，因為當時島上三分之一的成年男子（包括市長在內），竟因為性侵兒童而遭到判罪。

儘管皮特肯群島如此不堪，卻仍是大英帝國的一部分，除非遭一腳踢開，否則英國長達兩世紀之久的白天仍將持續下去。

白天會永遠持續下去嗎？

這個嘛，大概是吧。

2432 年 4 月，皮特肯群島將經歷自叛逃者來到島上之後的第一次日全食。

帝國很幸運，日食發生的時候，太陽正好位在加勒比海的開曼群島上空。帝國境內看不到日全食；倫敦甚至還是陽光閃耀呢。

事實上，之後的幾千年內，在白天的適當時間裡，皮特肯群島上空都不會出現日全食，不會讓連續的「日不落」告一段落。如果英國目前的領土與邊界保持不變，英國的白天還可以延續很長、很長的時間。

但不會是永遠。到最後（幾千年之後），日食將會光臨皮特肯群島，於是太陽總算在大英帝國落下了。

攪熱茶

Q. 我在攪拌熱茶時有點心不在焉，然後突然想到：「我是不是正在把動能加到杯子裡去？」我知道攪拌確實對降低茶的溫度有幫助，但如果我攪拌得更快會怎樣？我能不能把 1 杯水攪拌到沸騰？

——威爾．埃文斯（Will Evans）

A. **不能。**

不過基本概念倒是說得通。溫度就是動能。當你攪拌茶的時候，你是在增加動能給茶，而那些能量總得有地方去。既然茶並沒有做出什麼驚人之舉，例如上升到空中或發光，那能量一定是轉變成熱了。

我泡茶的方法不對嗎？

你沒有察覺到熱，是因為你增加的熱並不是太多。把水變熱需要很多很多能量；按體積來看，水的熱容量比其他任何普通物質的都來得大[1]。

如果你想在 2 分鐘內把水從室溫加熱到幾乎沸騰，需要很高的功率[2]：

$$1\text{ 杯水} \times \text{水的熱容量} \times \frac{100℃-20℃}{2\text{ 分鐘}} = 700\text{ 瓦}$$

這公式告訴我們，如果想在 2 分鐘內燒好 1 杯熱水，需要 700 瓦的電源。一般微波爐的使用功率為 700 至 1100 瓦，加熱 1 杯水來泡茶大約需要 2 分鐘。事情要是能這麼順利解決就好了[3]！

用 700 瓦的功率把 1 杯水微波加熱 2 分鐘，會帶給水非常非常多的能量。當水從尼加拉瀑布的頂端落下時，水會獲得動能，這些動能到了瀑布底下便轉變成熱。但即使水落下的距離這麼長，水溫卻只升高零點幾度而已[4]。要使 1 杯水沸騰，必須把水從高於大氣層頂的地方丟下來才行。

（英國版的保加拿）

攪拌和微波比起來如何？

根據工業攪拌機工程報告上的數字，我估計，用力攪拌 1 杯茶的加熱率大約是十萬分之一瓦，根本微不足道。

攪拌的物理作用其實有點複雜[5]。大部分的熱都被茶杯上方的空氣對流帶走了，所以茶杯是從上方開始變冷的。攪拌把新的熱水從底層帶上來，所以對冷卻過程有利。但還有其他的作用在進行，例如攪拌使空氣產生擾動，並且使杯壁變熱。但由於缺乏數據，很難確認到底還有什麼作用在進行。

幸好我們有網際網路。問答網站「Stack Exchange」的用戶 drhodes 曾測量茶杯在「攪拌」、「不攪拌」、「把湯匙反覆浸入杯中」、「湯匙留在杯中」等不同條件下的冷卻率。drhodes 不僅貼出高解析度的圖片，也公布了原始數據，這些資料比很多期刊論文有用多了。

結論：不管你是攪拌、浸入湯匙或什麼事都沒做，茶的冷卻率都差不多。（不過，把湯匙浸到茶裡又拿出來的話，茶會冷得稍微快一些）。

於是我們又回到原先的問題：如果你拚了命攪拌，能把茶燒開嗎？

不能。

---

❶ 按質量來算，氫氣與氦氣的熱容量比水還高，但這些氣體都是擴散性氣體。其他常見物質的熱容量，比水高的只有氨而已。但若按體積來算，這三者的熱容量都比不過水。

❷ 注意：使快沸騰的水達到沸騰，除了把水加熱至沸點所需要的能量之外，還需要非常多的額外能量——這就是所謂的「汽化焓」。

❸ 如果解決不了，要怪就怪「效能太差」或「渦旋」吧。

❹ 尼加拉瀑布的高度 ×（重力加速度／水的比熱）＝ 0.12℃

❺ 在某些情況下，使液體混合其實有助於保溫。熱水會上升，而當水體夠大且夠靜止時（例如海洋），表面會形成暖水層。暖水層把熱輻射出去的速率遠高於冷水層。如果你藉由水的混合來擾亂暖水層，散熱速率就會變慢。

這就是為什麼當颶風停止前進時，強度往往會減弱——風浪會把深層的冷水翻攪上來，使颶風與海面薄薄的暖水層分開，而暖水層正是颶風的主要能量來源。

首要問題在於功率。700 瓦功率大約是 1 馬力，所以，如果你想在 2 分鐘內把茶燒開，至少需要 1 匹馬來拚命攪拌。

茶的加熱時間如果長一點，就可以降低功率需求，但如果降得太低，茶的冷卻率就會趕上加熱率。

就算你拿湯匙攪拌得超級快（每秒攪拌幾萬次），流體力學也會來攪局。在那麼快的攪拌速率下，茶就會形成「空穴」，沿湯匙的路徑形成真空，攪拌也就白攪了[6]。

而且如果你拚命攪拌到連茶都形成「空穴」，茶的表面積會迅速增加，幾秒鐘內便冷卻至室溫。

不管你如何拚命攪拌你的茶，茶一點都不會變熱。

---

❻ 有些攪拌器是隔離式的，確實可以藉由這種方式使裡頭的東西變熱。但是，什麼樣的人會拿攪拌器來泡茶呢？

世界上所有的閃電

Q. 如果有一天，世界上所有的閃電同時發生在同一個地方，這個地方會變成怎樣？

——崔佛・瓊斯（Trevor Jones）

A. 人家說閃電絕對不會擊中同一個地方兩次。

「人家」說錯了啦。從演化的角度來看，這句話能流傳至今，實在有點出乎意料；你還以為，相信這句話的人應該都已經紛紛離開人世了。

演化不就是這麼回事嗎？

人們常常尋思：我們能不能取得來自閃電的電力？這問題表面上看來挺有道理的——閃電本來就是電嘛[1]，而且閃電確實具有非常可觀的電力。問題是你很難讓閃電乖乖聽話，想打哪裡就打哪裡[2]。

典型的閃電釋放出來的能量，只夠供應 1 戶住家大約 2 天的電力。也就是說，連每年都遭閃電擊中約 100 次的帝國大廈，也無法光靠閃電的電力來維持任一戶住家全年的用電需求。

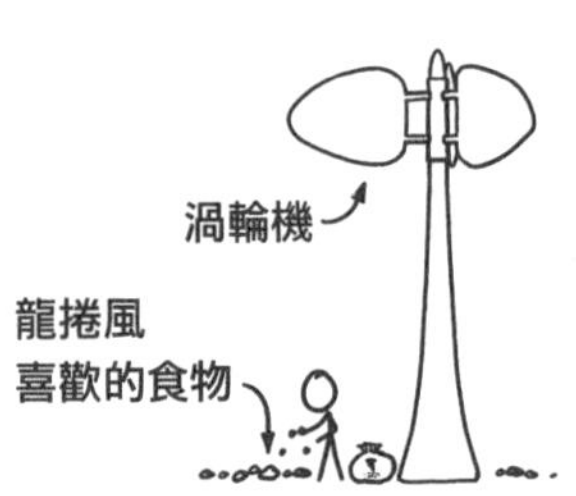

即使是世界上閃電很多的地區（例如佛羅里達州和剛果東部），陽光輸送到地面的功率，比閃電輸送的功率還要多一百萬倍。利用閃電來發電，就像是建造風力發電場讓龍捲風來轉動發電機的葉片一樣，超級不切實際[3]。

打到同一個地方的閃電

如果照崔佛所說的：世界上所有的閃電都打在同一個地方。這麼一來，發電可有看頭了！

既然是「發生在同一個地方」，那我們不妨假設閃電統統平行打下來，且彼此緊靠。閃電主要路徑（帶有電流的那部分）的直徑大約是 1 至 2 公分。我們的「閃電組合」包含大約 100 萬道不同的閃電，意味著「閃電組合」的直徑大約是 6 公尺。

科普作家老愛把每件事都拿「投在廣島的原子彈」來做比較[4]，所以我們也比照辦理：閃電輸送到空氣與地面的能量，大約相當於 2 顆原子彈。

從更實際的觀點來看，這麼多的電，足以供應 1 部電子遊樂器跟電漿電視好幾百萬年。或者換一種方式來看，這麼多的電可以供應美國的用電量長達……5 分鐘。

閃電本身只有籃球場中間的圓圈那麼一點而已，但留下的坑洞會像整個籃球場那麼大。

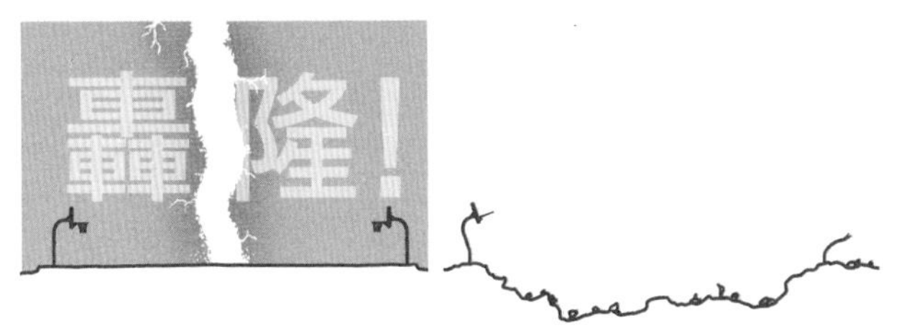

閃電裡頭的空氣會變成能量很高的電漿。來自閃電的光與熱會使方圓幾公里的地面自動燃燒起來。衝擊波會夷平樹木、摧毀建築物。總而言之，和廣島比起來差不了多少。

這種情況下，我們保護得了自己嗎？

避雷針

避雷針的作用機制是有爭議的。有些人主張，避雷針藉由從地面向空中「流出」電荷、降低雲對地的電壓電位、減少雷擊的機率，確實可以防止雷擊。但美國國家消防協會（NFPA）目前並不贊同這種觀念。

---

❶ 引證：我讀小學三年級時，曾經打扮成富蘭克林在班上表演過放風箏引電。

❷ 而且我聽說，閃電永遠不會擊中同一個地方兩次。

❸ 如果你好奇的話，沒錯，我的確計算過一些數字，看看利用龍捲風來運轉風力渦輪機的成效，結果發現這甚至比蒐集閃電更不切實際。每 4000 年才會有 1 個龍捲風經過美國中部「龍捲道」的平均中心位置。即使你有辦法吸收龍捲風的所有累積能量，長遠來看，平均功率輸出根本還不到 1 瓦。信不信由你，類似的想法事實上已經有人嘗試過了。有一家名為 AVEtec 的公司曾提議建造「渦旋引擎」來產生人造龍捲風，然後利用這些龍捲風來發電。

❹ 尼加拉瀑布具有的功率輸出，相當於每 8 小時就有 1 顆廣島原子彈爆炸！投在長崎的原子彈所具有的爆炸威力，相當於 **1.3 顆廣島原子彈**！對照之下，吹過草原的微風帶有的動能，和 1 顆廣島原子彈「也」差不多。

我不知道 NFPA 對於崔佛的超大閃電會怎麼說，但避雷針這回應該保護不了你。理論上，直徑 1 公尺的銅線電纜可以傳導閃電突發的激增電流而不至於熔化。不幸的是，當閃電傳到避雷針的下端時，地面的傳導沒那麼好，熔化的岩石一爆炸，照樣會摧毀你們家的房子[5]。

卡塔通博閃電

把世界上所有的閃電聚集在同一個地方，顯然是不可能的。那麼，聚集某一個地區的所有閃電呢？

地球上沒有哪個地方會有「固定數量」的閃電，但委內瑞拉某個地方倒是勉強算得上有。馬拉開波湖的西南邊緣附近有一種怪現象：晚上常常出現大雷雨。其中有兩處地點幾乎每天晚上都會發生大雷雨，一處在湖上，一處在西邊的陸地上。這些暴風雨可能每 2 秒鐘就產生一道閃電，使馬拉開波湖成為世界的「閃電之都」。

如果你想得出辦法，能夠把一整晚的「卡塔通博雷暴」[6]透過一根避雷針導引下來，用來替超大的電容器充電，則電容器儲存的電力，差不多足夠電子遊樂器和電漿電視用上一百年之久[7]。

當然啦，如果發生這種情況，那句老話就得大大修改一番了。

嗯，有句話怎麼說來著——

「閃電總是擊中同一個地方。
那地方就在委內瑞拉。
你可別站在那裡才好。」

---

❺ 由於空氣中電漿的熱輻射，你們家橫豎已經著火了。

❻ 譯注：在卡塔通博河流入馬拉開波湖附近的沼澤地區，每年有 140 至 160 個晚上會發生閃電，且每晚可高達 2,800 次，因而得名。

❼ 由於馬拉開波湖西南沿岸不在行動通訊的覆蓋範圍，因此你必須購買衛星通訊服務，通常這會有幾百毫秒的時間延遲。

宇宙間最孤獨的人

Q. 有史以來，某人與其他活著的人，相隔的最遠距離是多遠？他們孤獨嗎？

—— 布萊恩 · J · 麥卡特（Bryan J McCarter）

A. 這實在很難說！

最有可能的「可疑份子」是阿波羅太空船指揮艙的六位駕駛員：柯林斯、戈登、魯薩、沃登、馬丁利及埃萬斯[1]。他們在登月行動期間，都待在月球軌道上。

這六位太空人，都曾獨自留守指揮艙，等待另外兩位太空人登陸月球。當太空船到達月球軌道的最高點時，他們和太空人同事之間的距離大約是 3,585 公里。

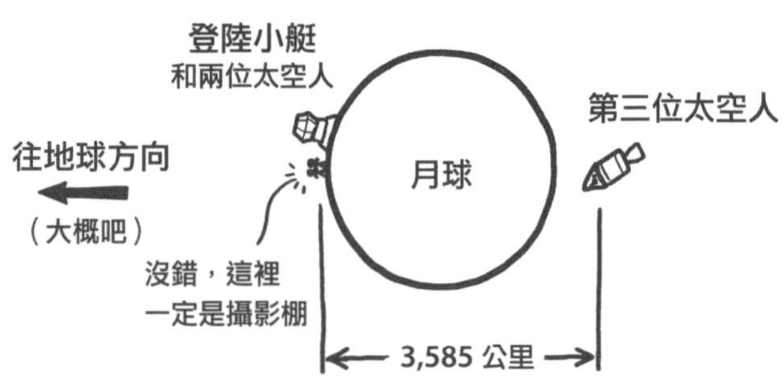

換個角度來看，這也是其他人類和那些古怪的太空人之間，相隔最遙遠的距離。你可能以為太空人在這項排行榜應該贏定了，但勝負尚未成定局呢。還有幾位候選人緊追在後！

玻里尼西亞人

要遠離長期有人居住的地方 3,585 公里很難[2]。最早跨越太平洋的玻里尼西亞人或許有辦法做到，但這需要一位水手隻身航行、遙遙領先其他人才行。這種情況可能曾經發生過（或許有人意外遭暴風雨捲走，而與其他同伴失散了），但誰也無法確定。

一旦太平洋受殖民統治，地表上要找到與世隔絕 3,585 公里的地方就難上加難了。現在連南極洲都有一群研究人員長期駐守，所以這簡直是不可能的任務。

南極探險家

在南極探險時期，有幾個人差點打敗太空人，事實上，其中之一說不定保持著這項最遠的紀錄。那些差一點點的人當中，有一位正是史考特（Robert Falcon Scott）。

史考特是英國探險家，下場堪稱悲壯淒涼。史考特的探險隊於 1911 年到達南極，卻發現挪威探險家亞孟森（Ronald Amundsen）竟然早在幾個月前便搶先一步。心灰意冷的史考特和同伴們開始長途跋涉返回岸邊，但在穿越羅斯冰棚時不幸全部罹難。

---

❶ 編注：柯林斯（Mike Collins）、戈登（Dick Gordon）、魯薩（Stu Roosa）、沃登（Al Worden）、馬丁利（Ken Mattingy）及埃萬斯（Ron Evans），都曾分別擔任過阿波羅太空船的駕駛員。

❷ 由於地球弧度的關係，實際上需要跨越地表 3,619 公里才能達到這個距離。

最後死亡的那位探險隊員，應該可以（短暫的）算是地球上最孤獨的人之一[3]。然而，他（不管是誰）距離某幾個人還是不到3,585公里，包括其他的一些南極探險家前哨隊，以及紐西蘭斯圖爾特島上的毛利人。

其他的候選人還有很多。例如法國的水手佩隆（Pierre François Péron）就聲稱曾受困於南印度洋的阿姆斯特丹島。如果真的如此，佩隆差一點點就能擊敗太空人，但他距離模里西斯、澳洲西南部，或者馬達加斯加的岸邊都不夠遠，所以還是資格不符。

我們大概永遠無法確知。說不定，某個遭遇船難、乘著救生艇漂流在南冰洋的十八世紀水手，才稱得上是「最離群索居的人」。不過，在明確的歷史證據出現之前，我認為阿波羅號的那六位太空人應該當之無愧。

接著來看布萊恩問的第二個問題：他們孤獨嗎？

孤獨

返回地球後，阿波羅 11 號指揮艙的駕駛員柯林斯說，他一點都不覺得孤獨。柯林斯在《烈火雄心：太空人之旅》（*Carrying the Fire: An Astronaut's Journeys*）書中提到這次經歷：

> **我完全不覺得孤獨或遭遺棄，我深深感覺自己也參與了月球表面上正在發生的一切……我不是有意否認孤獨的感覺。這種感覺確實存在，在我消失於月球背後、與地球無線電聯絡突然斷訊的那一瞬間，孤獨感更是強烈。**
>
> **我現在一個人了，真的是一個人，與任何已知的生命完全隔絕。就只有我了。如果來數數看，月球的另一邊有 30 億加 2 這麼多人，而這邊卻只有我 1 個，加上天知道還有什麼**

阿波羅 15 號指揮艙的駕駛員沃登更是樂在其中。

獨處是一回事，孤獨又是另一回事，它們根本是兩回事。我那時候是一個人，但我並不孤獨。我曾經是空軍的戰鬥機飛行員，後來擔任試飛員（主要都是在戰鬥機上），所以我很習慣自己一個人。我非常喜歡這樣子。我再也不必跟戴夫和吉姆通話……在月球的背面時，我甚至不必跟休士頓通話，那真是飛行任務中最棒的部分。

個性內向的人都懂；史上最孤獨的人很高興能擁有片刻的安寧與寂靜。

❸ 亞孟森的探險隊那時候已經離開南極洲了。

「What If ？」收件匣收到的，
稀奇古怪（且令人憂心）的問題，#11

Q．如果英國人全部都去某個海邊，然後開始划槳，那會怎樣？他們能移動島嶼一絲一毫嗎？

——艾倫·尤班克斯（Ellen Eubanks）

不能。

Q．可能有「火龍捲」嗎？

——賽斯·維許曼（Seth Wishman）

可能。

真的有「火龍捲」這種東西。

不管我說什麼，都不可能對此「火上澆油」的啦。

超級大雨滴

Q. 如果把一場暴雨降下的全部雨水，變成一顆超大的雨滴，那會怎樣？

——麥可．麥克尼爾（Michael McNeill）

A. 在美國堪薩斯州的某個仲夏，空氣又熱又悶，有兩位老人家坐在門廊的搖椅上。

西南方的地平線上，狀似不祥的雲赫然乍現。高聳的雲塔漸漸逼近，雲頂延伸出去有如鐵砧一般。

一陣微風吹來，老人家聽見風鈴叮噹作響。天空開始暗了下來。

水氣

空氣含有水分。如果從地面到大氣層頂把空氣圍出一根空氣柱，然後把空氣柱冷卻，其中所含的水氣就會凝結成雨。如果把這些雨水蒐集在空氣柱的底部，水的深度會介於零到數十公分之間。這深度稱為空氣的總可降水量。

正常情況下，總可降水量差不多是 1 至 2 公分。

人造衛星測量出了全球各地的水氣含量，並製作成非常漂亮的地圖。

想像這暴風雨的各個邊長都是 100 公里，而且總可降水量值高達 6 公分。這代表我們想像中的暴雨所含有的雨水體積為：

$$100\text{ 公里} \times 100\text{ 公里} \times 6\text{ 公分} = 0.6\text{ 立方公里}$$

這些水重達 6 億噸（正好和我們人類目前的總重量差不多）。一般情況下，這些水有一部分會灑落成雨——最多最多就是 6 公分。

在這場暴風雨中，那些水全部凝結成一顆超大的雨滴，成為直徑超過 1 公里的大水球。我們不妨假設大水球形成於地面上幾公里處，因為大多數的雨就是在那裡凝結而成的。

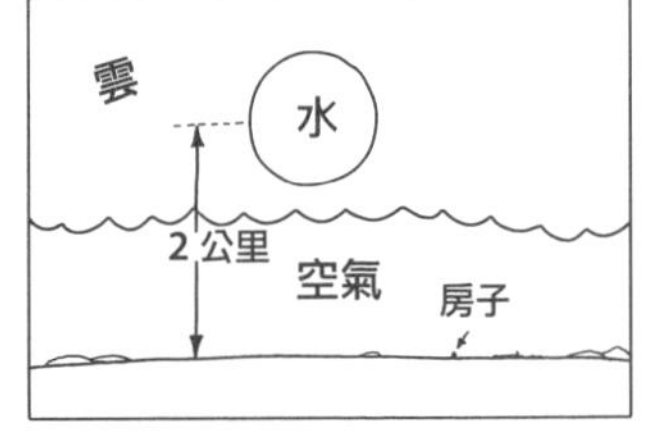

雨滴開始掉下來了。

過了 5、6 秒，什麼也看不到。接著，雲底開始向下突出，一度看起來有點像正在形成漏斗雲。然後突出的地方變寬了，10 秒鐘一到，雨滴的底部從雲層露了出來。

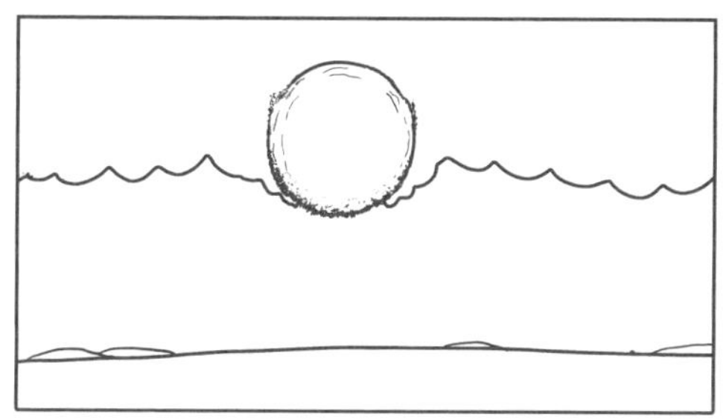

雨滴現在正以每秒 90 公尺的速率掉落。咆嘯的狂風在水的表面激起水霧，雨滴的前緣因空氣灌進液體裡而變成泡沫。如果雨滴落下的時間夠久，這些作用力就會使整個大雨滴逐漸消散成小雨點。

但在這種情況發生之前，大約在雨滴形成 20 秒之後，雨滴的邊緣就到達地面了。現在水的運動速率超過 200 公尺／秒；撞擊點正下方的空氣來不及衝出去，壓縮作用加熱空氣的速率太快了，以致於草可能會燒起來（如果有時間的話）。

草很幸運，這樣的熱只持續了幾毫秒，因為大量的冷水一到，熱就給澆涼了。草也很不幸，因為冷水的運動速率超過音速的一半。

事件發生期間，如果你正漂浮在這顆大水球的中心，在這之前你都不會感覺到任何異狀。水球的中央非常暗，但如果你有足夠的時間（和肺活量）朝著邊緣游出幾百公尺，那你就可以勉強看到白天的微光。

隨著雨滴逼近地面，愈來愈大的空氣阻力會導致壓力增加，害你的耳朵很脹。但幾秒鐘後，當水一碰到地面，你就會慘遭壓死——衝擊波短暫形成的壓力，恐怕比馬里亞納海溝底部的水壓還大。

水鑽入地面，但是岩床堅硬不摧。壓力迫使水往兩邊沖去，產生「超音速全方位噴射[1]水流」，把水的所到之處統統給毀了。

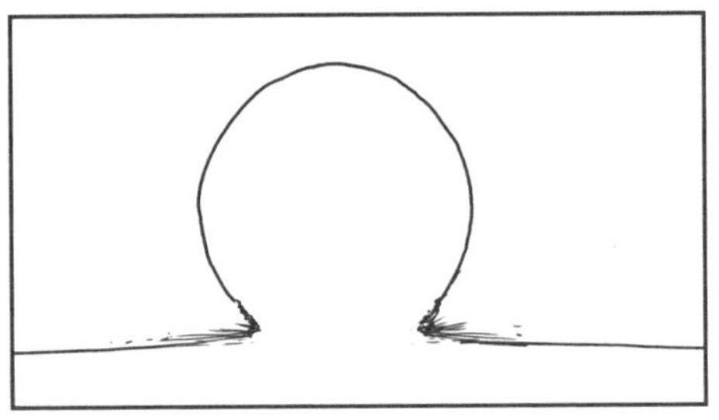

水牆向外節節擴張，一路沖刷，一路撕裂樹木、房子和表層的土壤。開頭提到的那棟房子、門廊、老人家，全都立即慘遭滅頂。幾公里內的一切都給沖走了，徒留一大灘泥漿在岩床上。水不停的向外飛濺，把毀損的建築物統統沖至20至30公里之遙。在此距離下，有些地區受到山脈屏障的保護，洪水就開始沿天然的山谷與水道流走。

更外圍的區域大致上都能免於暴風雨的影響，不過，下游數百公里的地區在撞擊後幾小時內，就會洪水暴漲。

紙包不住「水」，這場莫名其妙的大災難走漏了風聲。大家議論紛紛，既震驚又百思不解，有一段時間，天上新長出來的每一朵雲都會引起群眾的恐慌。全世界都在擔心下大雨，恐懼主宰了一切，但很多年過去了，倒是沒有任何災難重現的跡象。

大氣科學家多年來試圖拼湊出事情的原委，卻什麼解釋也提不出來。最後他們放棄了，乾脆把這種無法解釋的天氣現象稱為「迴響貝斯[2]風暴」，用某研究人員的話來說——因為「這實在是超屌的」。

---

❶ 超音速全方位噴射的英文，supersonic omnidirectional jet 大概是我這輩子見過最酷的「三連字」英文了。

❷ 譯注：「迴響貝斯」（dubstep storm）為電子音樂的一種形式，通常伴有強烈的節奏與重搖擺低音。

SAT 猜猜猜

Q. 如果所有參加 SAT 測驗的人，每一題選擇題都用猜的，那會怎樣？會有多少人考滿分？

——羅布．巴爾德（Rob Balder）

A. 一個也沒有。

SAT 是用來考美國高中生的標準化測驗。為了搶分，在某些情況下猜個一、兩題，可能是不錯的策略。但如果每一題都用猜的會怎樣？

SAT 並非全是選擇題，所以我們把焦點放在選擇題就好了，這樣事情會簡單一點。我們暫且假設每個人的寫作題和填空題都全對。

2014 年版 SAT 數學（定量）部分的選擇題有 44 題，批判性閱讀（定性）部分有 67 題，最新的寫作部分則有 47 題[1]。每題選擇題有 5 個選項，所以隨便亂猜且猜對的機率有 20%。

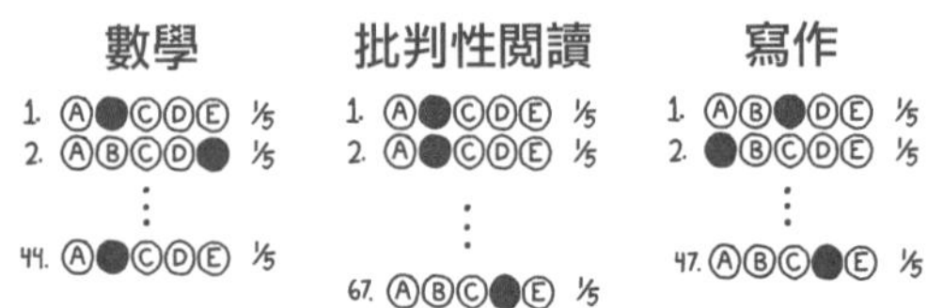

158 題全部猜對的機率是：

$$\frac{1}{5^{44}} \times \frac{1}{5^{67}} \times \frac{1}{5^{47}} \approx \frac{1}{2.7 \times 10^{110}}$$

「27 後面有 109 個 0」分之 1

如果全美 400 萬位十七歲學生統統去考 SAT，而且答案全部亂猜，幾乎可以肯定的是，不會有人在這三個部分拿到滿分。

有多肯定？這麼說吧，如果每個學生每天都在電腦上考 100 萬次，而且每天都這樣考，考五十億年（考到太陽膨脹成紅巨星、地球焚為灰燼），任何一個學生僅在數學部分得到一次滿分的機率，大約是 0.0001%。

這是表示不可能到什麼地步？每年差不多有 500 個美國人遭閃電擊中（根據平均 45 人遭閃電擊斃，以及死亡率 9% 至 10% 推測出來）。由此可見，任何一個美國人在某一年遭閃電擊中的機率，大約是 1/700,000。[2]

也就是說，SAT 答案全部猜對的機率，比每位在世的美國前總統及「螢火蟲」影集每位主要角色，在同一天分別遭不同閃電擊中的機率還要低。

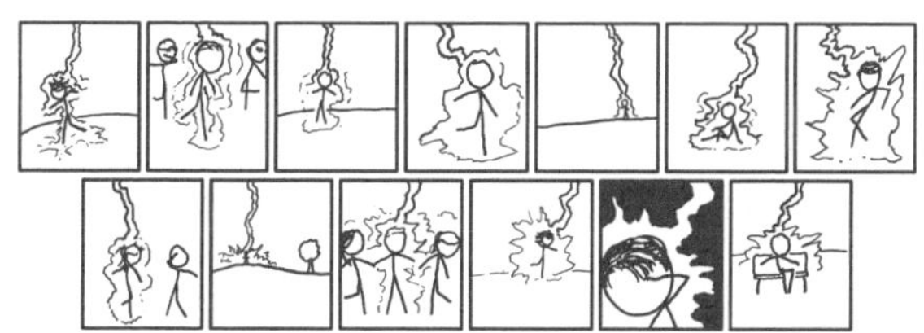

給今年考 SAT 的所有人：祝你們好運——不過，只有好運可是不夠的喔。

---

❶ 我考 SAT 是很久以前的事了好嗎？

❷ 請參考 xkcd 網站「條件風險」篇，*http://xkcd.com/795/*。

中子槍彈

Q. 如果在地表上用手槍發射「具有中子星密度」的子彈（先不管要如何做到），地球會毀滅嗎？

——夏洛特．安斯沃思（Charlotte Ainsworth）

A. 子彈若具有中子星的密度，重量就會和帝國大廈差不多。

無論是不是用槍來發射，子彈都會直接穿透地面、鑽破地殼，彷彿岩石是濕紙巾似的。

我們來看兩個不同的問題：

- 子彈穿透地球產生的通道，對地球有什麼影響？
- 如果讓子彈留在地表，對周遭會有什麼影響？我們可以觸摸子彈嗎？

先了解一下背景資料：

什麼是中子星？

中子星是巨星受到本身重力影響而塌縮後，遺留下來的東西。

恆星存在於平衡狀態中。恆星超大的重力迫使它不斷向內塌縮，但那樣的擠壓又激發出幾種不同的作用力，把恆星往外推開。

在太陽裡頭，抵擋塌縮的作用力正是來自核融合的熱。當恆星耗盡核融合燃料時就會收縮（過程很複雜，包括爆炸好幾次），直到受量子定律影響（物質與其他物質不得重疊）[1]而停止塌縮。

如果恆星夠重，便可克服那樣的量子壓力而進一步塌縮（加上另一次更大規模的爆炸），成為中子星。如果剩餘的物質更重，就會變成黑洞[2]。

中子星是你想得出來的密度最大的物體之一（密度無限大的黑洞不算）。中子星受本身強大的重力壓碎成緻密的「量子力學湯」，在某些方面類似於「山一樣大的原子核」。

我們的子彈是用中子星製成的嗎？

不是。夏洛特要求的是「與中子星同樣密度」的子彈，而不是用真正的中子星物質製成的子彈。那就好，因為你不可能用那種東西來製成子彈的。如果你把中子星物質拿到不斷碎裂的重力穴外（中子星物質一般會出現在那裡），中子星物質就會再度膨脹成超級熱的普通物質，同時釋放出比任何核武器都要強大的能量。

想必這就是夏洛特建議我們用某種「與中子星同樣密度」但穩定的神奇材料來製成子彈的原因了。

子彈對地球有什麼影響？

你可以想像用槍[3]來發射這顆子彈，但更好玩的是，乾脆直接

❶ 包立不相容原理不讓電子太靠近彼此。這種效應正是你放在膝上的筆記型電腦，不會穿透你大腿的主要原因之一。

❷ 比中子星更重的可能還有某類物體（但不至於重到變成黑洞），稱為「奇異星」（strange star）。

❸ 要用一把神奇而堅不可摧的槍，你可以握著這把槍，而且手臂不會斷掉。先不用擔心，等一下才會講到這個部分啦！

用丟的就好了。無論是哪一種情形，子彈都會向下加速、鑽進地面，朝著地心一路往下鑽。

這樣並不會摧毀地球，但會非常奇怪。

隨著子彈鑽入地面幾公分，子彈的重力會挖起一大團土，子彈一邊往下、這些土一邊在子彈周圍瘋狂的震動，噴得到處都是。子彈一鑽進地面，你就感覺到地面在震動，而且子彈會留下亂七八糟、支離破碎、找不到入口的彈坑。

子彈會直接穿越地殼。地表的震動很快就會平息。但在地底深處，子彈會一邊往下掉、一邊粉碎並汽化前方的地函。強烈的衝擊波會使物質爆炸開來，在子彈後頭留下一道超級熱的電漿。這是宇宙史上前所未有的奇觀：地下流星。

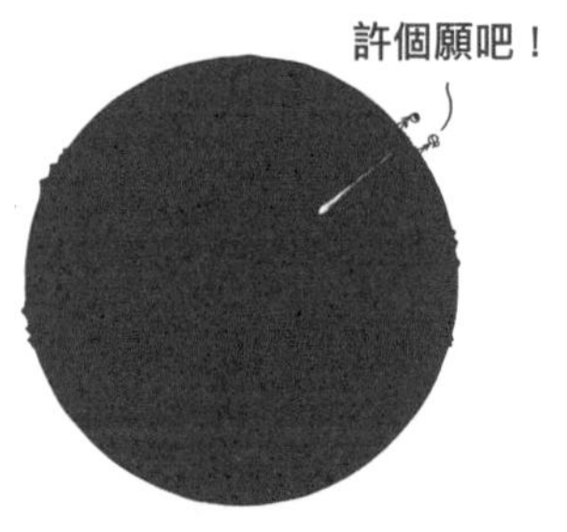

到最後，子彈會停下來，卡在地心的鎳鐵地核上。以人類的尺度來說，子彈傳遞給地球的能量算是非常龐大，但地球卻幾乎沒什麼感覺。子彈的重力只影響到幾十公分範圍內的岩石；儘管子彈重到足以穿越地殼，但單靠子彈的重力，還不至於強到把岩石粉碎得太厲害。

子彈穿越的洞會閉合起來，然後這顆子彈就會永遠留在誰也到達不了的地方[4]。老化、膨脹的太陽終究會吞噬地球，於是子彈就在太陽的核心找到最後的安息地。

太陽的密度不夠大，本身無法成為中子星。太陽吞噬地球後，反而會經歷數回合的膨脹與塌縮，最後總算安定下來，成為小小的白矮星，外加卡在中央的子彈。很遠很遠的將來的某一天，到時宇宙會比現在老幾千倍，那顆白矮星將會冷卻，變成黑矮星。

如果子彈射進地球會怎樣？以上算是回答完畢了。但如果我們可以把子彈留在地表附近呢？

把子彈安置在堅固的底座上

首先，我們需要堅固無比的神奇底座來放置子彈，底座也需要放在同樣堅固、大到足以分散重量的平臺上，否則這整個東西全都會沉到地底下。

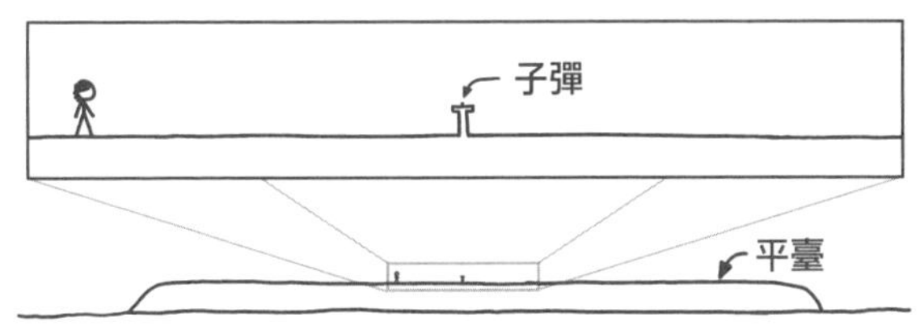

和街區差不多大的平臺應該就夠堅固了，至少可以讓子彈停留在地面上好幾天，說不定可以停留更久。畢竟和我們的子彈一樣重的帝國大廈，也坐落在類似的平臺上，而且人家可不是才落成幾天而已〔誰說的？〕，可是到現在都還沒消失於地底下呢〔誰說的？〕。

子彈不會把大氣層吸成真空。子彈肯定會壓縮周圍的空氣，使空氣變熱一些，但令人驚訝的是，這竟然不會讓人察覺。

---

❹ ……除非電影「星際大戰」裡的絕地大師凱普．杜隆用原力把子彈拖上來。

我可以碰子彈嗎？

想像一下，如果你碰碰看會怎樣。

這玩意兒的重力很強。但也沒有那麼強啦。

想像你正站在 10 公尺以外的地方。在這個距離上，你會感覺基座方向有很輕很輕的拉力。你的大腦（並不太習慣不均勻的重力）還以為你是站在平緩的斜坡上呢。

不要穿溜冰鞋喔。

隨著你往底座方向走去，這種感覺上的斜坡會變得更陡，彷彿地面正在往前傾斜。

走到離子彈只有幾公尺時，你很難不向前滑動。不過，如果你緊抓住某個東西（把手或路標什麼的），就可以靠得很近了。

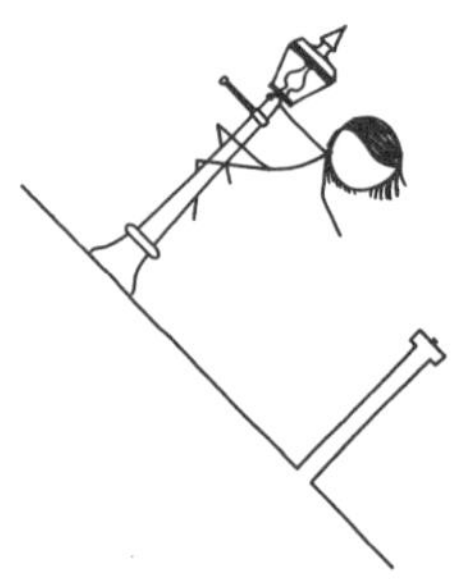

羅沙拉摩斯的物理學家大概會把這種情形稱為「騷龍尾的癢」。

可是人家想碰碰看嘛！

要碰得到子彈你必須靠很近才行，所以一定要牢牢抓緊某樣東西。說真的，恐怕全身都要穿上安全護帶，或最起碼也要戴上頸箍；一旦近到伸手可及，你的頭就會重得像小孩的體重那麼重，而且你的血液會搞不清楚該往哪個方向流。不過，如果你是對於數倍重力加速度習以為常的戰鬥機飛行員，也許可以不用穿這些東西。

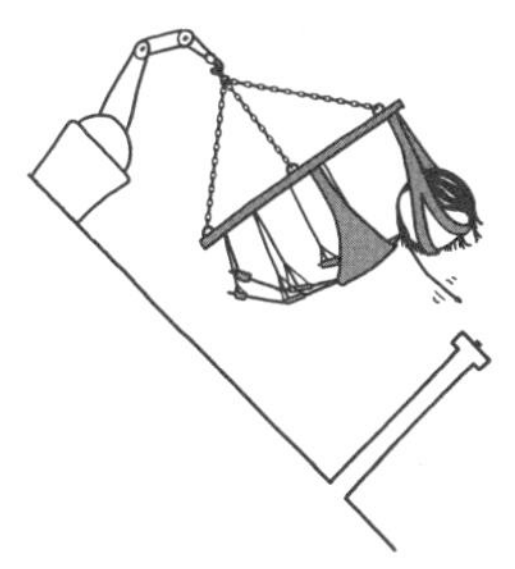

這樣的角度會讓血液一直衝向腦袋，但你依然可以呼吸。

你的手臂一伸出去，拉力便強上加強；20 公分是緊要關頭——你的指尖一超過這道防線，手臂就會重到拉不回來。（如果你常常做「單手拉單槓」運動，說不定可以再靠近一點。）

一旦你離子彈只有幾公分，作用在你手指上的力會大到不行，你的手指會遭狠狠的往前一拉（連你或不連你），這下你的指尖真的碰到子彈了（你的手指和肩膀大概也脱臼了）。

當你的指尖真的接觸到子彈時，指尖的壓力變得巨大無比，你的血液會不禁「奪皮而出」。

在「螢火蟲」影集中，譚江曾下過有名的注解：「只要有適當的真空抽引系統，人體的血液可以在 8.6 秒內抽光光。」

藉由觸摸子彈，你已經產生了「適當的真空抽引系統」。

你的身體綁著安全護帶，手臂還連在身上（沒想到人肉這麼堅固），但是你的指尖噴血速率超乎尋常的快。譚江的「8.6 秒」也許是低估了。

然後，事情變得很奇怪。

血液圍繞著子彈，形成愈來愈大的暗紅色球體，球面嗡嗡作響，震動波紋的移動快到根本看不出來。

但是，且慢

有件事現在變得極為重要：

你「漂浮」在血液上。

隨著「血球」愈長愈大，作用在你肩膀上的力卻變弱了，這是因為你浸在血液表面下的部分指尖受到了浮力！血液的密度大於肉體密度，而你手臂的重量有一半來自於手指的最後兩節。當血液達到幾公分深時，負擔明顯減輕許多。

如果你等得到「血球」變成 20 公分深（而且肩膀還完好如初的話），說不定你連手臂都能拉得回來。

問題是：那就需要很多血液，要「你身上血液的五倍」那麼多才行。

看來你是辦不到了。

我們來「倒帶」一下。

如何觸摸中子槍彈：鹽、水與伏特加酒

你可以摸子彈而且不會死，只不過你需要用水把子彈包住。

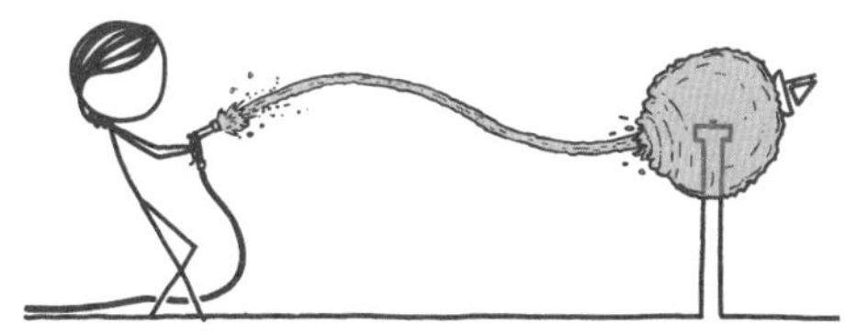

麻煩在家裡試試看，然後把錄影帶寄給我。

如果你想要點小聰明，可以把水管的一端懸在水裡，讓子彈的重力幫你把水吸過去。

想摸子彈的話，把水倒在基座上，直到子彈旁邊的水深達到 1 至 2 公尺。水的形狀可能變成像下方左邊這樣、或像右邊那樣：

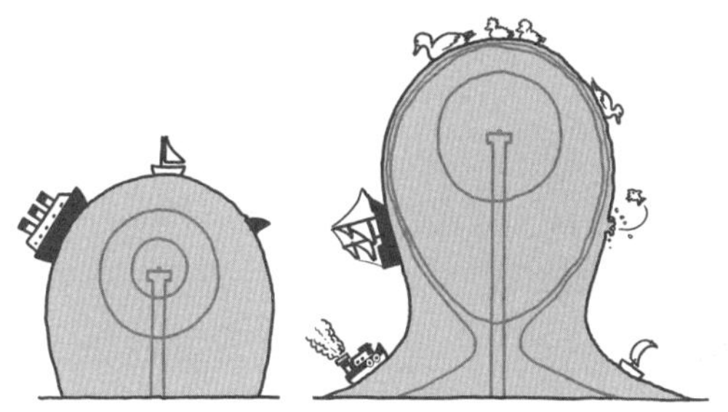

如果那些船沉了，你可別去打撈喔。

現在，把你的頭和手臂伸進去。

幸虧有水，你的手才能在子彈周圍毫無困難的擺動！子彈一直把你拉過去，但子彈也把水拉得緊緊的。即使在這樣的壓力下，水（像肉一樣）也幾乎是不可壓縮的，所以不會有什麼要緊的東西被壓碎[5]。

❺ 當你把手臂拉出來時，請注意減壓病（潛水伕症）的症狀，因為你手的血管裡有氮氣泡泡。

不過，你很有可能摸不到子彈。當你的手指距離子彈幾公厘時，強大的重力代表浮力起了巨大的作用。如果手的密度比水的密度小一點點，你就突破不了最後這幾公厘，但如果手的密度大一點點，又會被水吸下去。

現在該是伏特加酒和鹽進場的時候了。如果你發現手指一伸向子彈，子彈就緊拉著指尖，代表手指受到的浮力不夠。麻煩在水裡加些鹽，讓水的密度變大一點。如果你發現指尖在子彈邊緣的無形表面上滑動，麻煩加些伏特加酒，讓水的密度變小一點。

如果能調整到恰到好處，你就可以摸到子彈，而且活著告訴我們那是什麼感覺了。

可能啦。

替代方案

聽起來太冒險了嗎？沒關係。這整個計畫（子彈、水、鹽、伏特加酒）還可以「一兼二顧」，成為飲料史上最難調的混合雞尾酒配方：**中子星酒**。

所以呢，拿根吸管來喝一杯吧。

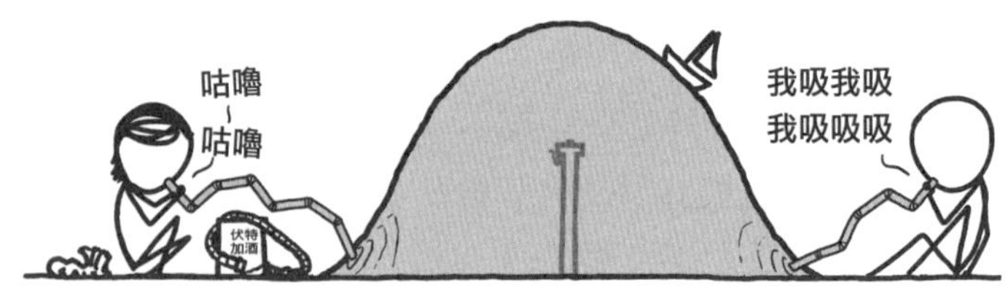

切記：如果有人丟顆櫻桃在你的中子星酒裡，而櫻桃沉到底下時，不必費神去撈。它已經消失不見了。

「What If ？」收件匣收到的，稀奇古怪（且令人憂心）的問題，#12

Q. 如果我吞了有萊姆病菌的壁蝨會怎樣？
我的胃酸會不會殺死壁蝨和萊姆病菌？
還是我會由內而外感染萊姆症？

——克里斯托佛・沃格爾（Christopher Vogel）

Q. 假設客機裡有相當均勻的共振頻率，
要有多少隻貓、以什麼樣的共振頻率在這樣的客機裡
喵喵叫，才能「使客機下降」？

——布里特妮（Brittany）

芮氏規模 15

Q. 如果芮氏規模 15 的地震襲擊美國紐約會怎樣？芮氏規模 20 呢？ 25 呢？

——亞歷克・法里德（Alec Farid）

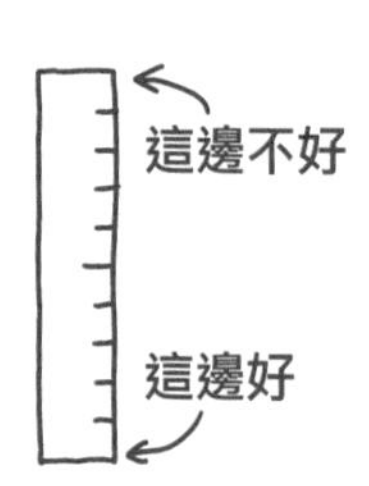

A. 芮氏規模是地震能量釋放的一種度量，嚴格來說已經被「地震矩」[1] 規模取代了。芮氏規模是開放式的（沒有上限、下限），但由於我們經常聽到的地震都是規模 3 到規模 9，很多人大概以為最大是規模 10，最小是規模 1。

其實規模 10 並不是最大的，但也可以說是啦。規模 9 的地震已經大到足以測出地球自轉的變化；本世紀兩場規模 9 以上的地震，雙雙改變了一天的長度達幾微秒。

規模 15 的地震牽涉到將近 10^{32} 焦耳的能量釋放，這和地球的重力結合能差不多了。換個方式來形容：死星曾在奧德蘭造成規模 15 的地震。[2]

奧德蘭星球的地質調查已經證實，一場規模 15 的地震把所有的地震儀化為團團蒸氣。

理論上，地球的確可能會發生更強烈的地震，但這實際上代表的意思就是：不斷膨脹的一大團殘骸碎片會更熾熱。

太陽具有較高的重力結合能，可能產生規模 20 的地震（不過這麼一來，肯定會激發某種慘烈的新星誕生）。已知宇宙中最強烈的地震（發生在超級重的中子星物質中），差不多就是這種規模等級。這樣的能量大約相當於把整個地球體積塞滿氫彈，然後統統同時引爆所釋放出來的能量。

如果威力小一點會怎樣？

我們花了很多時間討論規模很大的強烈地震。但是，規模很小的地震呢？有沒有「規模 0 的地震」這種東西？

有！事實上，規模比 0 更小的也有呢。我們來看一些規模很小的「地震」，描述一下如果這些地震侵襲你家會是什麼樣子。

規模 0

美式足球達拉斯牛仔隊全速飛奔、衝撞你鄰居家的車庫牆壁。

---

❶ 同樣的，用來衡量龍捲風的藤田級數，早就由改良藤田級數取代了。有時候，某種度量單位會因為太無聊而遭到淘汰， 例如：千磅、「kcfs」（每秒千立方英尺）、和「阮氏溫度」（以絕對 0 度起算的華氏溫度）。以前我還得看用那些單位來寫的科技論文呢。有時候，你會覺得科學家只是想找個什麼東西來糾正人家罷了。

❷ 譯注：死星為「星際大戰」電影中虛構的太空要塞，奧德蘭則為片中虛構的星球。

規模 −1

一位足球選手跑去撞你家院子的樹。

規模 −2

貓從櫃子上掉下來。

規模 −3

貓把你的手機從床頭櫃上摔下來。

規模 −4

一美分硬幣從狗的身上掉下來。

規模 −5

按一下 IBM M 系列鍵盤上的按鍵。

規模 −6

按一下輕巧型鍵盤上的按鍵。

規模 −7

一根羽毛飄落到地上。

規模 −8

一粒細沙掉到小沙漏底部的沙堆裡。

接著讓我們一路跳到……

規模 −15

一絲微塵飄過來停在桌上。

有時候換換口味，不用毀滅世界也挺好的。

致謝

有一大堆人幫我完成你正在看的這本書。

感謝我的編輯小楊（Courtney Young），他起先只是 xkcd 的讀者，隨後一路看著這本書從逐漸成形直到最後出版。感謝 HMH 出版公司的各方神聖，讓一切都能順利進行。謝謝費許曼（Seth Fishman），以及 Gernert 經紀公司大夥兒的耐心與堅持不懈。

感謝格里森（Christina Gleason）讓這本書看起來像是一本書，甚至在凌晨三點還在努力看懂我那關於小行星的潦草筆記。感謝各領域的專家幫我解惑，包括輻射方面的拉撒路（Reuven Lazarus）與麥可馬尼斯（Ellen McManis）、基因方面的康塔（Alice Kaanta）、化學物質方面的小羅（Derek Lowe）、望遠鏡方面的古柳奇（Nicole Gugliucci），病毒方面的麥凱（Ian Mackay），以及子彈方面的吉萊斯皮（Sarah Gillespie）。感謝 davean，這一切都是他起的頭，但他生性低調、不愛出鋒頭，說不定還怪我在這裡提到他呢。

謝謝 IRC 聊天室一幫人的意見與指正，還要謝謝芬恩（Finn）、艾倫（Ellen），愛達（Ada）、瑞奇（Ricky）從大量湧進的問題中，過濾篩選出關於悟空（Goku）的問題。感謝悟空這位看起來法力無邊的動漫人物，成千上百的「What If」問題都是因他而起的，儘管如此，我還是不肯為了回答這些問題去看「七龍珠」卡通。

感謝我的家人花了這麼多年的時間，耐心回答我胡思亂想的問題，我才學會如何回答別人的提問。感謝我爸爸教我有關測量的東西，感謝我媽媽教我有關模式的事物。感謝我老婆教我如何堅強、教我如何勇敢，還教我關於鳥類的事情。

閱讀筆記

科學天地 147

如果這樣，會怎樣？

胡思亂想的搞怪趣問 正經認真的科學妙答

What If？

Serious Scientific Answers to Absurd Hypothetical Questions

國家圖書館出版品預行編目(CIP)資料

如果這樣，會怎樣？：胡思亂想的搞怪趣問正經認真的科學妙答 / 蘭德爾．門羅(Randall Munroe)原著；黃靜雅譯. -- 第一版. -- 臺北市：遠見天下文化,2015.01
面； 公分. -- (科學天地；147)
譯自：What if? : serious scientific answers to absurd hypothetical questions
ISBN 978-986-320-667-5(平裝)

1.科學 2.通俗作品

307.9　　104000137

原著 — 蘭德爾．門羅（Randall Munroe）
繪圖 — 蘭德爾．門羅（Randall Munroe）
譯者 — 黃靜雅
科學文化叢書顧問群 — 林和、牟中原、李國偉、周成功

出版事業部副社長／總編輯 — 許耀雲
編輯顧問 — 林榮崧
責任編輯 — 林文珠
封面設計暨美術設計 — 李建邦
美術編輯 — 吳靜慈
書衣地圖修圖 — 黃淑雅

出版者 — 遠見天下文化出版股份有限公司
創辦人 — 高希均、王力行
遠見．天下文化．事業群 董事長 — 高希均
事業群發行人／CEO — 王力行
出版事業部副社長／總經理 — 林天來
版權部協理 — 張紫蘭
法律顧問 — 理律法律事務所陳長文律師
著作權顧問 — 魏啟翔律師
社址 — 台北市 104 松江路 93 巷 1 號 2 樓
讀者服務專線 — 02-2662-0012 ｜ 傳真 — 02-2662-0007, 02-2662-0009
電子郵件信箱 — cwpc@cwgv.com.tw
直接郵撥帳號 — 1326703-6 號　遠見天下文化出版股份有限公司

製版廠 — 東豪印刷事業有限公司
印刷廠 — 柏皓彩色印刷有限公司
裝訂廠 — 晨捷印製股份有限公司
登記證 — 局版台業字第 2517 號
總經銷 — 大和書報圖書股份有限公司　電話／02-8990-2588
出版日期 — 2015 年 1 月 27 日第一版
2015 年 12 月 1 日第一版第 13 次印行

定價 — NTD380
書號 — WS147
ISBN — 978-986-320-667-5
天下文化書坊 — http://www.bookzone.com.tw
天下文化書坊 — www.bookzone.com.tw

1 2 3 ? 4 5 6 7

O	X
X	
O	Y

1
10
100
1,000

$013 - \frac{P_0 V(d)}{V_0}$

69.1°N

$\text{es} \times \frac{1.5 \text{ Miles} \times 50 \text{ yards}}{\text{Florida}} \approx 1.4 \times 10^{-12} \text{ tornado}$

$= \frac{1}{x} x^4 \rightarrow y = x^3$

$x = \sigma A (T_h^4 - T_c^4)$

$\sigma = 5.6703 \times 10^{-8}$

H

762
2004
2242
2479
714
946

dinosaurs escape??

$\mathcal{L}(f(t)) = \int_0^\infty e^-$

$a^2 + b^2 = c^{3\pm1}$

$\frac{1}{x^2} =$

$x^2 =$

HEY

$x = \sqrt{}$

$(x-t) + \frac{f''(t)}{2!}(x-t)^2 + \frac{f'''(t)}{3?}(x-t)^3 + \frac{f''''(t)}{4P}(x-t)^3 + \frac{f'''''(t)}{¿5?}(x-t)^3 + \ldots + C$

www.google.com

Remember this!

BONK

$P = \rho V_s \Delta V$

$\begin{bmatrix} \cos 90° & \sin 90° \\ -\sin 90° & \cos 90° \end{bmatrix} \begin{bmatrix} a_1 \\ a_2 \end{bmatrix} = \begin{bmatrix} a_2 & a_? \end{bmatrix}$

kg

$$\frac{1}{2}\rho v^2 C_d A$$

$$\frac{1}{2}\rho v^3 C_d A$$

W

W

Earth: 1.22

Mars: 0.02

Titan: 5.44

birds ×2

Mexico city: 754

$$\sqrt{2 \times \frac{1\,\text{ATM} \times P}{\rho_{AIR}}} = 440\,\text{mph}$$

≤ 25% Chestnut

lava: hot

$$\ln \frac{M_0}{M_1}$$

$$\Delta x \Delta p \geq \hbar \pi$$

Glass: 2.86 km

Carbon fiber: 36.3 km

Cast iron: 8.22 km

Trap rock: 4.95 km

~~Trap house~~

f( ) = ?

$$= \frac{1}{\sqrt{1-\frac{v^2}{c^2}}}$$

$M_2 = 22.1$ kg

(human leg)

$$\frac{Z^{n+1}-1}{Z-1}$$

$$\frac{(Z-1)Z^n}{Z^{n+1}-1}$$

$$1-\frac{1}{Z}$$

$$\frac{00000}{567} \times \left(-3 + 19 \times 2^{1-6n} \times 5^{1-7n} \times 4443773^n\right)$$

$n \in \{1...20\}$

$$\frac{1.03-1}{1.03}$$

$$0 \times 300 \times 700)^{\frac{1}{3}} = 315$$

4.18 J/g/K

$$mgh = ms\Delta T$$

8oz 40

???

6
6
6
4
7
6
?

$$Z = \frac{C^2}{g\left(\frac{-cr}{gf}\right)}\left(1-\frac{m}{f}\ln\left(\frac{f}{m}\right) - \frac{m}{f} - \frac{\left(1-\frac{m}{f}\right)^2}{\frac{-2cr}{gf}}\right)$$

$$\frac{1}{\text{requency}} = \frac{300 \text{ billion birds}}{4\pi R} \times [\text{Misc}]$$

$$dN = \mathcal{L}\, d\sigma = \mathcal{L}\, D(\theta)\, d$$

$$\frac{d\sigma}{} = D(\theta) = \frac{1}{} \frac{dN}{}$$

1 2 3 ? 4 5 6 7
O X
X
O Y
69.1°N
1.5 Miles × 50 yards
Florida
≈ 1.4×10^-12 tornado
x=σA(Th^4 − Tc^4)
σ = 5.6703×10^-8
H
a^2+b^2=c^3±1
dinosaurs escape??
1/x^2 =
x^2 =
HEY
www.google.com
Remember this!
BONK
P = ρVsΔV
cos90° sin90°
-sin90° cos90°
a1
a2

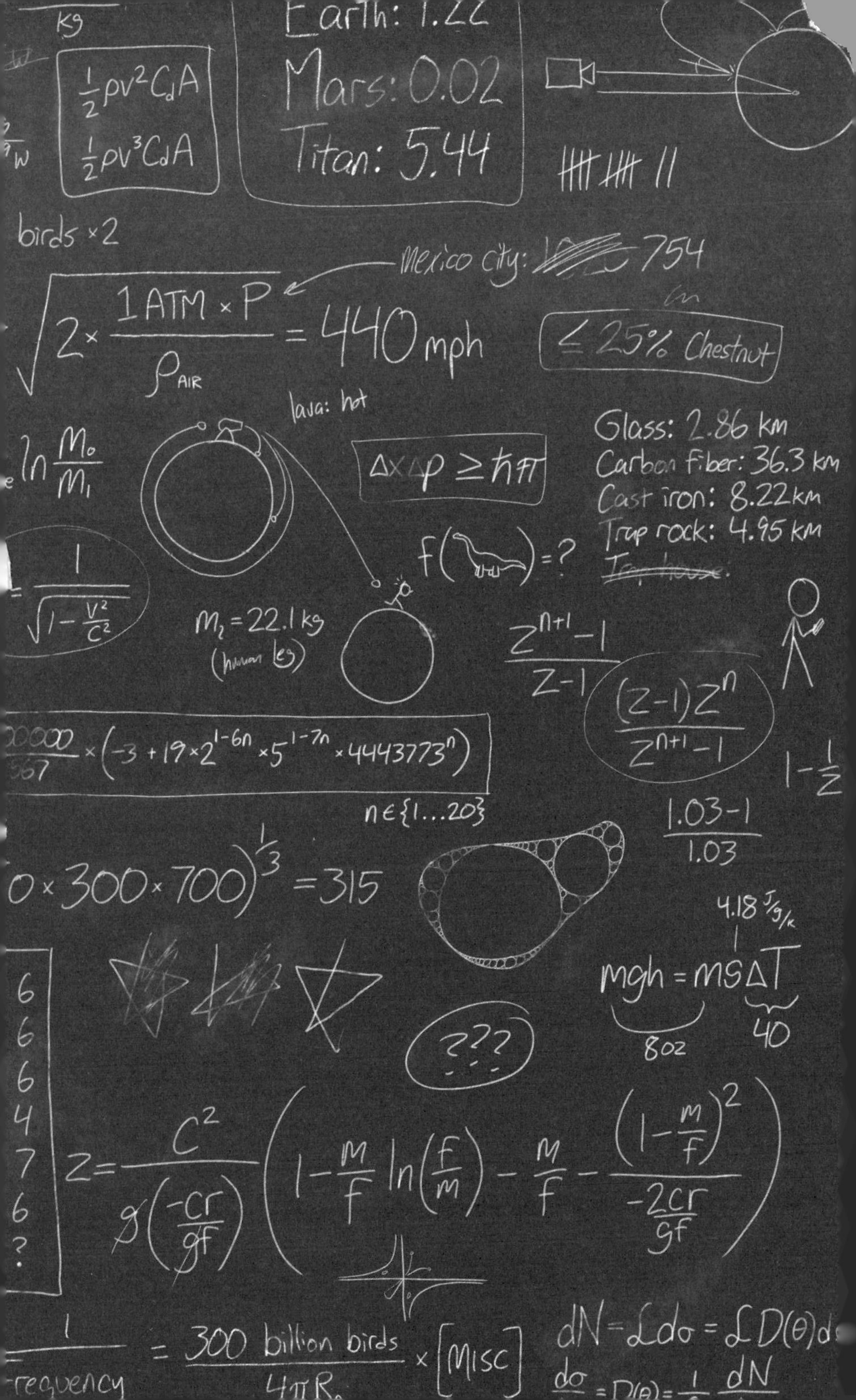

Earth: 1.22
Mars: 0.02
Titan: 5.44
½ρv²CdA
½ρv³CdA
birds ×2
Mexico city: 754
1 ATM × P
ρ AIR
= 440 mph
≤ 25% Chestnut
lava: hot
ΔxΔp ≥ ħπ
Glass: 2.86 km
Carbon fiber: 36.3 km
Cast iron: 8.22 km
Trap rock: 4.95 km
f( ) = ?
M₂ = 22.1 kg
(human kg)
n∈{1...20}
= 315
1.03-1
1.03
4.18 J/g/K
mgh = msΔT
8oz
40
???
= 300 billion birds
4πR
× [Misc]